萬里機構

U0061102

王天飛・于卉泉 著

序言

喜愛貓咪的人越來越多，喜歡給貓做飯的養貓人也越來越多。

作為對貓咪的情感表達，給自己家的貓咪做一頓飯，可能是很多養貓人一直想做的事情。哪怕做一次，也要給貓咪一份安全、衞生、科學、營養的飯食。

符合寵物營養學，並經過專業寵物營養師設計的《喵星人鮮食料理》出版了。本書所有食譜出自專業的寵物營養師、專業的寵物營養美食教學導師，每份貓飯食譜經過專業設計、專業寵物營養計算、甄選食材及精細烹飪等。雖然書內的飯食不能完全代替貓糧，但用新鮮食材做出的飯食可以成為貓咪喜愛的佳餚。

本書給喜歡為貓咪做飯的讀者提供科學、營養、安全的食譜，而且食譜容易烹調，關鍵是貓咪非常喜歡，何樂而不為？

為貓咪製作飯食，是一份興趣、一份對貓咪的愛，也是一門技術、一門學科，同時更是一份責任。在製作貓咪飯食的過程中，有開心、有激動，但更要有客觀、嚴謹的寵物貓咪營養知識。

無論是想讓貓咪吃到真材實料，還是期望貓飯含有更少添加劑，或單純為貓咪做一頓飯，讓牠們享受世間的美味佳餚……也應該熟知貓咪飯食的營養知識。

目錄

第 3 章
常用烹調工具及煮法

第 4 章
健康有營的貓飯食譜

第 5 章
貓咪悠閒輕食

第 6 章
貓咪疾病營養輔助食療

附錄

第 1 章

貓咪的飲食
基礎營養知識

養貓的人越來越多,但有貓
奴對貓咪的飲食習慣卻不了
解 ——

該餵吃甚麼?吃多少?怎樣
餵養?這些問題常常困擾着
貓奴。

貓咪的飲食習慣

狗隻和人是雜食動物，可以從肉類和植物獲取營養；而貓是**純肉食動物**，主要從肉類食物獲取所需營養。貓咪體內分解和代謝食物的方式不適合消化澱粉類和糖類。如給貓吃的食物含有較多植物類食物，較少或沒有肉類食物，貓咪會出現營養缺乏及不均衡等問題，不利於貓咪的健康。

口腔的結構決定貓咪的飲食方式，貓共有 30 顆牙齒，大多數牙齒是尖的，上下不對稱，可以撕碎食物。牠們的上下顎不能像人一樣咀嚼食物，口腔也缺乏唾液澱粉酶，不能消化食物中的澱粉。

腸道的長度與體長的比例決定腸道的長度，貓的腸道明顯較雜食和草食動物短。**腸道短有利於貓咪代謝肉類**，在肉腐壞前將其消化吸收。在貓咪腸道中，**雙糖酶**的活性比較低，對澱粉和膳食纖維的代謝效果不是很理想。

貓咪吃東西沒有固定規律，牠們在白天和夜間都有吃東西的習慣，通常一天能吃 12-20 次。在貓咪餵養中，食物的組成和適合性均很重要。貓咪對食物的氣味、口感和形態很敏感。給貓咪換新食物時需要注意，貓喜歡動物脂肪、肉提取物和某些特定氨基酸的味道。**貓咪一般喜歡固態、潮濕的食物**，不喜歡粉狀、黏稠或非常油膩的食物，也不喜歡糖的味道，同時對苦味很敏感。有些貓咪對哈密瓜、南瓜、香蕉、青瓜、菠菜等食物感興趣。

貓咪需要的基本營養元素

隨着我們對貓咪飲食和健康之間關係的認識不斷加深，可供貓咪的食物種類不斷擴大，選擇食物的種類尤為重要。貓咪體內必需的六種營養元素是水、蛋白質、脂肪、碳水化合物、維他命及礦物質。本書根據正常貓咪維持健康所需的營養元素量，提供每日建議營養元素攝取量。每隻**貓咪的營養需求取決於其品種、大小、生命階段和其他因素。**了解貓咪如何利用食物各種營養成分，以及牠們需要多少營養成分，有助選擇健康的飲食。

水

寵物貓由野生沙漠貓進化而成，身體組織約含 67% 水，每天需要喝大量新鮮水；因此家中最好備有貓咪專用自動飲水機，或經常給貓咪更換新鮮的飲用水。

貓咪的飲水量與食物的形態和生活環境有關，貓咪長期飲水量不足會導致疾病，可能出現下尿道疾病、腎病、繼發性膀胱炎等。

蛋白質

食物：肉類、魚類。

蛋白質是機體組織和器官重要組成部分。蛋白質在體內以氨基酸的形式被吸收，重新合成機體所需蛋白質，新的蛋白質也不斷代謝與分解，時刻處於動態平衡中。

貓咪體內所需十一種必需氨基酸，這些氨基酸在貓咪體內不能合成。缺乏必需氨基酸導致嚴重的健康問題，如沒有足夠的精氨酸，貓咪血液可能產生有毒的氨。牛磺酸對貓來說是一種不可少的氨基酸；缺乏牛磺酸導致代謝和臨床問題，包括貓咪中央視網膜退化、失明、耳聾、心肌病與心力衰

竭、免疫反應不足，以及幼貓不良成長、牛殖功能衰竭和先天性缺陷等。

肉類產品含有豐富的蛋白質，貓咪作為肉食動物，大部分蛋白質來源於魚和其他動物產品。對於貓科動物來說，**動物蛋白比植物蛋白更容易消化**，有利貓咪腸胃吸收。

脂肪

食物：魚油、動物油、植物油及魚類。

脂肪由甘油和脂肪酸組成，提供貓咪營養和功能需求的高能化合物。在重量相同的情況，每克脂肪所含的能量是蛋白質和碳水化合物的兩倍之多。脂肪可提供貓咪體內不能合成的必需脂肪酸，也是脂溶性維他命的載體。此外，脂肪也增強食物的味道和口感，讓貓咪食慾旺盛。

必需脂肪酸是保持貓咪皮膚和毛髮健康必需的營養物質，例如亞油酸、亞麻酸、花生四烯酸、二十碳五烯酸（EPA）、二十二碳六烯酸（DHA）等。缺乏脂肪導致貓咪皮膚乾燥，容易出現皮膚病，還引致牛殖障礙、糖尿病、胰腺炎等疾病。

碳水化合物

食物：穀物、水果及蔬菜等。

在貓咪飯食中，碳水化合物不是必需，但可為貓咪提供豐富的能量，維持機體正常運行。貓咪是肉食動物，腸道的長度限制了體內纖維發酵的能力，纖維存在於許多碳水化合物中，成年貓咪肝臟中葡萄糖激酶和果糖激酶活性很低，代謝大量碳水化合物的能力有限，所以**貓咪不能食用過多碳水化合物類食物**。

貓咪進食大量碳水化合物會出現消化不良的跡象，如腹瀉、脹氣和嘔吐等；也可能出現代謝不良現象，如血糖高和尿液有大量葡萄糖等。

維他命

維他命參與體內能量的代謝，但本身並不含能量，所以補充維他命不會導致營養過剩，也不會引起肥胖。

維他命是維護貓咪正常生理功能必需的營養元素，不能在體內合成，必須從食物中攝取。貓咪每日所需維他命含量不多，一般不會出現缺乏現象。

如貓咪出現食物攝入量不足、體內吸收障礙、生理需要量增加等問題致維他命缺乏，則會導致體內酶缺乏、代謝紊亂、生長繁殖能力下降、抵抗力減弱，從而引發多種疾病。

貓咪不能自行將 β - 胡蘿蔔素轉化為維他命 A，所以必須提供含維他命 A 的食物。貓咪通過曬太陽獲取所需維他命 D 的量微乎其微，也必須通過食物獲得。

 表一：貓咪所需維他命的功能、缺乏和過量時的臨床症狀。

維他命	功能	缺乏時的臨床症狀	過量時的臨床症狀
維他命 A	視蛋白（視紫紅質，碘皮素）的組成，影響上皮細胞的分化、精子產生、免疫功能及骨骼吸收。	厭食，發育遲緩，皮毛不良，虛弱，乾眼症，腦脊液壓力增加。	頸椎病，牙齒脫落，發育遲緩，厭食症，紅斑，長骨（如股骨）骨折。
維他命 D	影響鈣磷穩態、骨骼礦化及吸收、胰島素合成、免疫功能。	佝僂病，軟骨結合部擴大，骨軟化，骨質疏鬆。	高鈣血症，鈣沉着，厭食症，跛行。
維他命 E	生物抗氧化劑，影響清除自由基的膜完整性。	不育，脂肪炎，皮膚病，免疫缺陷，厭食症，肌肉疾病。	與脂溶性維他命產生拮抗作用，增加凝血時間（維他命 K 逆轉）。
維他命 K	影響凝血蛋白 II、VII、IX、X 等蛋白的羧化，是骨鈣素的輔助因子。	凝血時間延長，低凝血酶原血症，出血。	毒性低。

維他命	功能	缺乏時的臨床症狀	過量時的臨床症狀
維他命 B1	硫胺素焦磷酸的組分，是 TCA 循環中的脫木酚酶反應中的輔因子，影響神經系統。	厭食症，體重減輕，共濟失調（不能自主協調肌肉運動），多神經炎，腹屈，心率變慢。	血壓下降，心動過緩，呼吸性心律失常。
維他命 B2	腺嘌呤黃素和黃素單核苷酸輔酶的成分，影響氧化酶和脫氫酶的電子傳遞。	發育遲緩，共濟失調（不能自主協調肌肉運動），皮炎、膿性眼分泌物，嘔吐，結膜炎，昏迷，角膜血管形成，心率變慢，脂肪肝。	毒性低。
菸酸	對酶促反應、氧化還原反應和非氧化還原反應非常重要。	厭食，腹瀉，發育遲緩，紅瘡舌，唇炎，無控制流涎。	毒性低，糞便帶血，抽搐。
維他命 B6	氨基酸反應中的輔酶，影響神經遞質合成、色氨酸合成、菸酸合成、血紅素合成、牛磺酸合成、肉鹼合成。	厭食症，發育遲緩，體重減輕，腎小管萎縮，草酸鈣蛋白尿。	毒性低。
維他命 B5	影響輔酶 A 前體、蛋白質、脂肪和碳水化合物在 TCA 循環中的代謝，膽固醇合成，甘油三酯合成。	消瘦，脂肪肝，生長抑制，血清膽固醇和總脂含量降低，心率加快，昏迷，抗體應答降低。	無毒副作用。

維他命	功能	缺乏時的臨床症狀	過量時的臨床症狀
葉酸	影響同型半胱氨酸合成，甲硫氨酸、嘌呤合成，DNA 合成。	舌炎，白細胞減少，低色素性貧血，血漿鐵升高，巨幼細胞貧血。	無毒副作用。
生物素	四種殼聚糖酶的成分。	角化過度症，脱毛，眼睛周圍出現乾分泌物，高脂，厭食，血便。	無毒副作用。
維他命 B$_{12}$	輔酶，輔助四氫葉酸合成甲硫氨酸的酶，影響亮氨酸的合成 / 降解。	抑制生長發育，甲基丙二酸尿症，貧血。	血管條件反射減少和無條件反射增多。
維他命 C	羥化酶的輔助因子，影響膠原蛋白質、左旋肉鹼合成，增強鐵的吸收，清除自由基，具有抗氧化劑 / 助氧化劑的功能。	可於肝臟合成，除了飲食需求外，正常貓狗沒有發現缺乏跡象。	無毒副作用。
膽鹼	在膜、神經遞質乙醯膽鹼、甲基供體中發現的磷脂醯膽鹼成分。	凝血酶原次數增加，胸腺萎縮，生長變慢，厭食症，肝小葉周邊浸潤。	沒有關於貓的論證。
左旋肉鹼	將脂肪酸轉運到線粒體中，用於 β-氧化。	高脂血症、心肌病、肌肉無力。	沒有關於貓的論證。

 **礦物質**

已知有十三種礦物質是貓咪必需營養元素。鈣和磷對強壯骨骼和牙齒至關重要。貓咪需要其他礦物質（如鎂、鉀和鈉）來傳遞神經衝動和細胞信號。許多礦物質（包括硒、銅和鉬）屬微量元素，在各種酶反應中起輔助作用。某些礦物質的需求可能隨着貓咪年齡而改變。貓咪在飲食攝入礦物質的過量或過少都可能產生疾病。

表二：貓咪所需重要礦物質的功能、缺乏和過量時的影響。

礦物質	功能	缺乏時的影響	過量時的影響
鈣	組成骨骼及牙齒成分，影響凝血、肌肉功能、神經傳導、膜通透性。	生長受阻，食慾下降，跛行，自發性骨折，牙齒鬆動，抽搐，佝僂病。	表觀消化率下降，骨密度上升、跛行、對鎂的需求增加。
磷	骨骼結構，DNA 和 RNA 結構，影響能量代謝、運動、酸鹼平衡。	食慾不振，異食癖，生長受阻，毛髮粗亂，生育能力降低，自發性骨折，佝僂病。	溶血性貧血，運動障礙，代謝性酸中毒，骨密度減少，體重減輕，食慾下降，軟組織鈣化，繼發性甲狀旁腺功能亢進。
鉀	影響肌肉收縮、神經衝動傳遞、酸鹼平衡、滲透壓平衡，是酶輔助因子。	缺氧、生長受阻、嗜睡、低鉀血症、心腎病變、脫毛。	輕微癱瘓，心率加快（較少見）。

礦物質	功能	缺乏時的影響	過量時的影響
鈉	維持滲透壓和酸鹼平衡，影響神經衝動傳遞、營養吸收、水代謝。	無法維持水分平衡，生長受阻，厭食，疲勞，脫毛。	口渴，瘙癢，便秘，癲癇（當沒有足夠優質水可用時才發生）。
鎂	骨和細胞內液體的成分，影響神經肌肉傳遞，是幾種酶、碳水化合物和脂質代謝的活性成分。	肌肉無力，抽搐，厭食症，嘔吐，骨密度降低，體重下降，主動脈鈣化。	尿毒症，弛緩性麻痹。
鐵	酶的成分，影響氧化酶和加氧酶的活化，以及血紅蛋白、肌紅蛋白的轉運。	貧血，被毛粗亂，皮膚乾燥，精神狀況不佳，生長受阻。	厭食症，體重減輕，血清白蛋白濃度下降，肝功能異常，鐵血黃素沉着症。
鋅	影響核酸代謝、蛋白質合成、碳水化合物代謝，影響皮膚和傷口癒合、免疫反應、胎兒生長、發育速度。	厭食症，生長受阻，脫毛，角化，生殖受損，嘔吐，結膜炎。	相對無毒。
銅	血紅蛋白形成的催化劑，影響心臟功能、細胞呼吸、結締組織發育、色素沉着、骨形成、髓鞘形成。	貧血，生長發育受阻，骨骼損傷，神經肌肉紊亂，生殖功能衰竭。	肝炎，肝酶活性增加。

礦物質	功能	缺乏時的影響	過量時的影響
錳	影響脂質和碳水化合物代謝、骨骼發育、生殖、細胞膜完整性。	生殖受損，脂肪肝，"O"型腿，生長受阻。	相對無毒。
硒	抗氧化，增強免疫功能。	肌肉營養不良，生殖系統衰竭，攝食減少，皮下水腫。	嘔吐，痙攣，步態錯位，流涎，食慾減退，呼吸困難，口臭，指甲脫落。
碘	甲狀腺素和二碘甲狀腺原氨酸的組成。	被毛粗亂，皮膚乾燥，甲狀腺腫大，脫毛，精神狀態差，黏液水腫，嗜睡。	食慾減退，脫毛，精神狀態差，被毛粗亂，皮膚乾燥，免疫力下降，體重增加，甲狀腺腫大，發燒。
硼	調節甲狀旁腺激素，影響鈣、磷、鎂和膽鈣化醇的代謝。	抑制生長，紅細胞體積變小，血紅蛋白和鹼性磷酸酶值降低。	類似缺乏硼時引起的症狀。
鉻	增強胰島素作用，從而提高葡萄糖耐受性。	貓對動物葡萄糖耐受下降，高血糖，生長緩慢，繁殖力下降。	導致慢性中毒，少數急性中毒鉻的代謝物主要從腎排出，少量經糞便排出。侵害上呼吸道，引起支氣管炎。

 # 貓咪成長特殊階段的飲食方案

 哺乳期小貓

這時期的小貓最重要的是護理，主要靠貓咪母乳提供營養。**初乳對小貓來說營養價值最高**，還可以最大限度地提高小貓的免疫力。小貓必須在出生後 12 小時內獲得初乳或母乳，否則免疫力會降低，增加發病率。如果剛出生的小貓吃不到母乳，可以用奶瓶、針筒、餵飼管等進行人工餵奶。哺乳期小貓每天攝入的食物量約 180 毫升 / 千克體重，遵循少食多餐的原則，每天至少餵 4 次；非常瘦弱的小貓最宜每 2-4 小時餵一次。小貓出生 20 天以後，可逐步餵些魚湯及羊奶等。

生長期幼貓

幼貓的生長期是小貓從斷奶（5-6 週）到成年（10-12 個月）的階段。此階段的小貓身體處於快速發育階段，應讓牠們**自由採食，並且保證充足的食物攝入**，可偶爾額外添加肉食以增加食慾。如營養不足，生長速度會減慢，以生長速度作為營養指標最容易確定生長期小貓的營養需求。生長期小貓的食物基本上毋須碳水化合物，過量攝入不易消化的碳水化合物可能導致腹脹、脹氣和腹瀉。這現象常出現在斷奶後提供大量奶製品的小貓身上，乳糖水平過高和腸道乳糖酶不足會導致碳水化合物超過小貓的耐受範圍。

懷孕母貓

母貓的懷孕期為 63-66 天，懷孕期間母貓除了滿足自身的營養需求，還要給胎兒提供所需的營養；因此需要提高母貓的營養水平，但也不宜過量添加。母貓在繁殖前應注射疫苗、進行體內外驅蟲，還應進行病史和體格檢查，以評估可能影響受孕、分娩和哺乳的問題。母貓在交配時應處於理想體重，體重明顯過低或超重的貓不該配種。肥胖和營養不良會損害貓咪的生殖能力，營養不良的母貓可能無法懷孕、流產或產出弱小的貓，只有健康狀況良好的貓才考慮繁殖。

哺乳期母貓

母貓生產小貓後，體力消耗很大，應根據母貓的情況補充高能量、高營養的食物。母乳是小貓出生後最重要的營養來源，也是小貓生存的基礎保障；因此需要提高哺乳期母貓的營養，使小貓吃到足夠的母乳，增強小貓的免疫力。

老年貓

貓咪一般在 8-9 歲開始進入老年期，隨着年齡增長，身體各機能開始衰退，機體免疫力逐漸降低，各種疾病的發生率開始增加。為了讓貓咪保持健康的身體、延長壽命，此階段的營養管理與預防保健很重要。**飲水對老年貓來說很重要**，因為慢性腎臟疾病在這個年齡很常見，應避免貓咪攝入過量的磷、蛋白質、鈉和氯化物，可預防腎臟疾病和高血壓發生。

老年貓的嗅覺和味覺不那麼靈敏，最好餵飼肉量大的濕糧或鮮食來增加食慾，也可在乾糧加入肉湯或罐頭，增加老年貓的攝食量和飲水量。老年貓的適應能力會變差，抗應激能力比較差，食物的變化會對貓產生影響，所以沒有特殊情況盡量不要更換食物。

貓咪健康體型的標準

觀察貓咪的體型變化能更好地判斷貓咪的健康情況，一般通過眼觀、手摸和測量體重來評估身體狀況。

體型過瘦

很容易摸到肋骨和腰椎，幾乎沒有脂肪覆蓋。骨頭突起，幾乎沒有脂肪覆蓋，很容易感覺到。從側面看腹部嚴重凹陷，從上面看則有突出的凹陷（圖一）。

容易摸到肋骨和腰椎，有少量脂肪覆蓋。骨頭突起，上面覆蓋的脂肪很少，很容易感覺到。從側面看腹部有完整的弧形，從上面看有明顯的凹陷（圖二）。

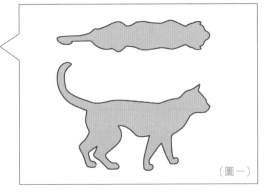

（圖一）

（圖二）

理想體型

觸摸到肋骨，有一層薄薄的脂肪覆蓋。在少量脂肪覆蓋下，很容易感覺到骨頭突起。從側面看腹部稍微凹陷，沒有腹部脂肪墊。從上面看腰部勻稱（圖三）。

（圖三）

體型過胖

肋骨很難被摸到，有適度的脂肪覆蓋。骨骼結構仍可觸摸到，骨頭突起，被一層中等厚度的脂肪覆蓋。從側面看可見腰身與腹部脂肪墊，但不明顯，腹部無凹陷。從上面看，背面稍微變寬（圖四）。

（圖四）

肋骨在厚厚的脂肪覆蓋下很難被摸到。骨頭突起，被一層較厚的脂肪覆蓋。從側面看不到腰部，有下垂的腹部隆起，這是大量脂肪堆積造成的，可見明顯的腹部脂肪墊。從上面看，背面明顯變寬（圖五）。

（圖五）

製作貓咪飯食的基本原則

製作貓貓飯食並不簡單，食譜中的營養成分配比需要具有一定的寵物營養知識和良好的配方技巧，以及最新的食材數據庫。原材料應根據其營養含量、耐受性、可食用性和成本進行選擇。選擇自製飯食，可以跟貓咪進行互動，增進感情。以下提出自製貓貓飯食的基本原則。

1. 飯食營養全面

選取食材時必須含有以下五大營養元素來源。

蛋白質

可選擇多種蛋白質來源，建議貓咪食譜應含有 50% 以上肉類。

脂肪

當蛋白質來源為「瘦肉」，其他動物脂肪應至少佔配方 5%-8%，以確保足夠的能量密度和必需脂肪酸。

碳水化合物

建議在貓飯食中，碳水化合物的比例盡可能低，滿足貓飯食的低碳水化合物要求即可。

礦物質

尤其是鈣、磷的含量，必須滿足貓咪需求。

維他命和其他營養元素

飯食必須含貓咪所需求的特定營養元素，如牛磺酸、精氨酸、卵磷脂、花生四烯酸、左旋肉鹼和膽鹼等。

2. 飯食必須新鮮

原材料必須新鮮、安全、可食用，不能用變質的食材，變質的肉含有大量黴菌、細菌和病毒，貓咪吃後會出現中毒、腹瀉及嘔吐等症狀。

3. 妥當儲存煮好的飯食

自製飯食的水分含量較高，並沒有防腐措施，在室溫下靜置數小時後極易受到細菌和真菌污染。養貓人必須每天檢查食物顏色和氣味變化，可能表明食物是否變質。貓咪吃剩下的食物可冷藏，溫度控制在 0-4℃，並在 48 小時內食用。

4. 注意對過敏性食物的反應

貓咪對某些食物很容易產生過敏反應，不同貓咪的過敏性食物各不相同，要因貓而異。一個典型的過敏例子是乳糖不耐症，隨着貓年齡增長，分解乳糖的酶發生損失引致。

5. 添加水果和蔬菜的原則

水果和蔬菜富含黃酮、多酚和花青素等，具有抗氧化作用，是天然的抗氧化劑，將水果和蔬菜添加日常飲食，對貓咪是有益的。然而不宜過度添加，控制在 3%-5% 即可。

6. 科學化計算貓咪飯食的營養成分

根據貓咪不同年齡階段、品種及身體狀況，選擇合適的營養方案，在稱量原材料時準確度要高。

貓咪鮮食的優點和缺點

優點

1. **營養價值高**：保留了新鮮食材原有的色、香、味、形，增加食材的維他命、氨基酸等營養成分，以及葉綠素及生物酶等風味物質。

2. **良好的適口性**：在加熱過程中，食材中的蛋白質和糖類產生美拉德反應（Maillard reaction），可產生許多天然誘食劑，使食物更討貓咪喜歡。

3. **水分含量多**：貓咪的乾糧中，水分含量約 6%-14%；鮮食的水分高達 60%，可給貓咪補充大量的水分。

4. **飲食搭配方便**：可根據貓咪的喜好、年齡及身體狀況，選擇不同的飲食方案，選擇性比較強。

5. **提高食物消化率**：蒸煮過程可提高碳水化合物的消化率，也會破壞可能存在的抗營養因子。

6. **增加與貓咪的互動**：在製作貓貓飯食過程中，可更好地了解貓咪喜歡甚麼類型的食物；可做一餐可口的飯食作為給貓的獎勵，增進與貓咪之間的感情。

缺點

1. **時間問題**：保質期短，準備食材及製作過程需要花費時間，在工作較忙時沒有時間製作。

2. **飲食方案選擇**：根據自家貓的具體狀況選擇飲食方案，需要一定的專業知識，盲目選擇可能存在一定的隱患，建議諮詢寵物醫生或寵物營養師。

3. **食材安全性**：商業寵物食品都會進行適口性測試、消化試驗和糞便質量測試等，有助更好地測試食品的安全性和適口性。自製飯食無法進行類似的餵養試驗，非專業人士不能保證食材的安全性，需要一定的專業知識。

4. **製作嚴謹性**：需要根據貓咪品種、生長階段、體重及生理狀況等，為貓咪製作營養方案，如不嚴格遵循食譜，則有缺乏營養的風險。

貓飯食譜的科學性

在寵物醫院中經常看見貓咪因為長期吃單一類食物，導致營養缺乏或過量；不按照貓咪營養需求餵食導致肥胖或消瘦；對貓咪不能吃的食物不了解，可能導致貓咪食物過敏。

給貓咪做的飯食不能根據自己喜好選擇食材，要**根據專業的知識分析食物的可食用性、科學的軟件測算食物的營養成分**，也可諮詢寵物醫生或寵物營養師，為自家貓搭配合理的飲食。

自製飯食的礦物質和維他命平衡很難掌控，常見的肉類和碳水化合物來源所含有的磷比鈣多，因此自製飯食的鈣磷比例可能高達 1:10。部分貓咪純肉飯食中，因為高磷低鈣導致營養比例失衡，這遠遠超過貓咪對蛋白質和磷的需求。有的貓飯食配方可能缺乏脂肪和能量密度。

有些養貓人可能按照人的營養標準給貓做飯食，如不要過多的脂肪、膽固醇和鈉，這種做法導致貓咪營養不均衡。也有人可能想既然食材少了不行，那就多加點，除了貓咪不能吃的幾樣食物，其他的都通通加進去，這樣做既浪費食材，又不能合理搭配營養，還有可能給貓咪的健康帶來不良的影響。

沒有萬能的食譜，也沒有一成不變的食材，只有根據貓咪自身狀況，按照科學的營養成分計算合理搭配食材，遵循專業的寵物營養指導，才能更好地製作屬於貓咪的專屬飯食。貓咪吃得健康、玩得開心、少生病，就是作為「貓奴」給牠們最大的幸福。

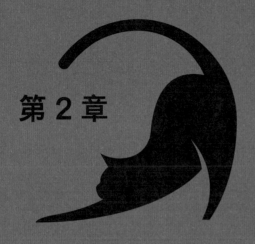

第 2 章

貓咪飯食
常用食材

優質良好的食材,是貓
咪飯食的基礎。

新鮮、天然純淨、符合
貓咪身體需要的食材,
讓貓咪吃得更健康。

有的食材適合人類食用,
卻不一定適合貓咪,甚
至對貓咪有害。

肉類、蛋類

雞肉

雞肉是常給貓咪餵食的肉類之一，含有豐富的礦物質和維他命等營養成分。雞肉的蛋白質富含貓咪所必需的氨基酸，是優質的蛋白質來源之一。雞肉的脂肪含量低，含有較多的不飽和脂肪酸——亞油酸和亞麻酸，能改善貓咪營養不良，提高貓咪免疫力，促進生長發育。

三文魚

富含蛋白質和維他命 A、B、E 及鋅、硒、銅、錳等礦物質，營養價值非常高。三文魚還含豐富的不飽和脂肪酸，有效降低血脂和血膽固醇，也含蝦青素，是一種強力的抗氧化劑。

鴨胸肉

營養價值高，適合貓咪食用，而且製作方便。含蛋白質、脂肪、鈣、磷、鐵、鉀、維他命 E 和 B 群等。鴨胸肉的脂肪酸主要是不飽和脂肪酸和低碳飽和脂肪酸，容易吸收，增加食慾、降低膽固醇，還具有清熱去火、利水消腫、抗衰老等功效。

牛肉

是優質的高蛋白、低熱量食品，脂肪含量少，含鈣、鐵、磷、維他命 B_1、B_2、菸酸及少量維他命 A 等。牛肉富含肌氨酸，有利增強貓咪的肌肉活力，提高身體抵抗力。牛肉的脂肪含量很低，卻是亞油酸的來源，還是抗氧化劑。牛肉是貓咪每天所需鐵質的較佳來源。

鱈魚

蛋白質含量高、脂肪含量低、魚骨少，還含維他命 A、D、鈣、鎂、硒等營養元素。鱈魚在治療糖尿病、保護心血管、提高免疫力等方面具有重要的作用。鱈魚肝油可以抑菌消炎、改善視網膜。

雞蛋

含豐富的優質蛋白、脂肪、維他命和鐵、鈣、鉀等貓咪所需要礦物質；富含 DHA 和卵磷脂、卵黃素，有利貓咪的毛髮和皮膚健康，還可降低脂肪的膽固醇，清除自由基，延緩衰老，保護肝臟。雞蛋含有較多維他命 B 和其他微量元素，可分解和氧化體內的致癌物質，具有防癌作用。

雞蛋最宜煮熟給貓咪食用，生雞蛋含有很多細菌和微生物，還有抗胰蛋白酶，加熱過程中可以殺滅細菌破壞抗胰蛋白酶。有些貓咪對生蛋白有過敏反應，餵食雞蛋前需要清楚家貓的飲食禁忌。

鴨蛋

含有蛋白質、磷脂、維他命、鈣、鉀、鐵、磷等營養物質。貓咪食用適量鴨蛋可達到美毛的效果，對身體健康也有很好的作用。鴨蛋的各種礦物質總含量遠超雞蛋，對貓咪的骨骼發育有益，並能預防貧血。

鵪鶉蛋

營養價值比雞蛋高，其氨基酸種類齊全、含量豐富，含有多種磷脂及激素等，營養價值非常高，但鵪鶉蛋的膽固醇太高，貓咪不宜吃過量，食用過量有發生胰腺炎的風險。鵪鶉蛋對貓咪除了有美毛效果外，還對營養不良、貧血、高血壓、支氣管炎及血管硬化等症狀有一定調補作用。

排骨

含有大量磷酸鈣、骨膠原、骨黏蛋白等，能提供鈣質，促進骨骼發育；富含鐵、鋅等微量元素，可強健筋骨、改善貧血；富含蛋白質和脂肪，提供優質蛋白質和必需脂肪酸；豐富的肌氨酸可增強體力。需要注意的是排骨煮熟後骨頭易碎及鋒利，貓咪進食時可能卡住喉嚨，刺穿腸道，餵食前先將骨頭剔除。

鯖魚

含有豐富的優質蛋白質、碳水化合物、膽固醇、不飽和脂肪酸及少量維他命。鯖魚含有的微量元素比較多，主要包括鐵、鈣、磷、鈉及鉀等，可防止貓咪血管硬化，保護眼睛，改善毛髮和皮膚。鯖魚具有高蛋白、低脂肪的特點，也適合作為易胖貓咪的食材。

龍脷魚

是高蛋白、低脂肪、富含維他命的優質魚類，含有豐富的不飽和脂肪酸，具有抗動脈粥樣硬化的功效，對防治心腦血管疾病和增強記憶力頗有益，還能降低晶體炎症發生可能性。龍脷魚含有豐富的鎂，預防貓咪高血壓、心肌梗塞等疾病有良好的效果。

生魚

含有豐富的蛋白質、脂肪、氨基酸、無機鹽、維他命，以及鈣、磷、鐵、鋅、硒、鎂、鉀、鈉及鐵等多種礦物質，含有貓咪必需的十一種氨基酸，營養價值非常高。生魚對貓咪有解毒祛熱、利尿消腫、補脾益氣的功效，還增強貓咪的體質，提高抗病能力。

丁香魚

又名小銀魚，個體小，但營養價值高，不需要剔魚骨，製作貓飯方便。丁香魚富含維他命 A 和 D，特別其肝臟含量最多，提供豐富的維他命 A 和牛磺酸等營養物質。丁香魚含有水溶性的維他命 B6、B12、菸鹼酸及生物素，還有豐富的礦物質，對貓咪有防癌、抗癌、抗氧化、清熱及止瀉等作用。

雞心

含有豐富的蛋白質、脂肪和銅，同時含有大量的礦物質、維他命及牛磺酸，具有保護心臟、增強免疫力、促進傷口癒合、保護視力等功效，對貓咪的毛髮、皮膚、骨骼組織、大腦和內臟的發育和功能有重要影響。

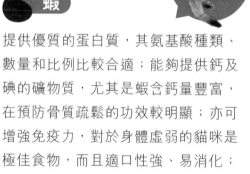

蝦

提供優質的蛋白質，其氨基酸種類、數量和比例比較合適；能夠提供鈣及碘的礦物質，尤其是蝦含鈣量豐富，在預防骨質疏鬆的功效較明顯；亦可增強免疫力，對於身體虛弱的貓咪是極佳食物，而且適口性強、易消化；含有豐富的鎂，對貓咪的心臟活動具有重要的調節作用，很好地保護心血管系統，減少血液中膽固醇含量。

雞肝

性溫，含有豐富的維他命 A，可護膚、明目；含有豐富的鐵及磷，對補血、造血有很大的益處；富含蛋白質、卵磷脂、牛磺酸和微量元素，是優質的牛磺酸和卵磷脂來源，可維持貓咪營養平衡，促進身體發育；具有多種抗癌物質，如維他命 C 及硒等。補充適量雞肝可同時預防礦物質和維他命缺乏病。切記不可長期大量食用雞肝，其鈣及磷比例高達 1:36，過量容易造成維他命 A 過量和鈣缺乏等營養性疾病。

鴨肝

性溫，功能和所含營養元素與雞肝差不多，主要是營養價值與雞肝有所不同。鴨肝的蛋白質和膽固醇含量不及雞肝高，但脂肪含量比雞肝稍高，貓咪不宜大量食用。

雞軟骨

貓咪可進食雞軟骨，但千萬不要給貓咪吃雞長骨及碎骨，因骨頭較堅硬，貓咪吃了容易刺穿腸胃。進食雞軟骨有潔牙的效果，雞軟骨含有大量鈣，可以有效補充鈣離子，增加骨質密度；還含有軟骨蛋白和膠原蛋白，對美毛和保護皮膚有一定幫助。

鴨胗

鴨胗為鴨的肌胃，含有碳水化合物、蛋白質、脂肪、菸酸、維他命 C、E 和鈣、鎂、鐵、鉀、磷、鈉、硒等礦物質。食用適量鴨胗對貓咪有補鐵造血、健胃消食、保護視力的作用，可以促進體質虛弱和營養不良的貓咪身體發育。

蔬菜、菌菇類

白蘿蔔

被稱為「自然消化劑」，分解食物的澱粉和脂肪，促進貓咪腸胃蠕動，幫助消化、抑制胃酸過多、促進新陳代謝，具有排毒抗癌的功效。白蘿蔔含有豐富的維他命、醣類、氨基酸及多種礦物質元素，抗衰老、增強抵抗力。

秋葵

含有果膠、多醣、維他命、纖維素、微量元素及黃酮類等成分。對貓咪具有抗氧化、延緩衰老的作用；有促進腸胃蠕動、促進消化吸收、維持腸道健康的作用；同時還有預防腫瘤、保護肝臟、緩解疲勞、恢復體能、預防心腦血管疾病等的重要作用。

南瓜

含有豐富的營養物質，包括碳水化合物、蛋白質、脂肪、多種維他命和礦物質。南瓜的維他命 A 含量比其他綠葉蔬菜高，是 β- 胡蘿蔔素的極好來源，為貓咪提供豐富的維他命 A，維持正常視力，預防眼部疾病；含有多醣可增強貓咪免疫力；果膠能調節胃內食物的吸收速率，降低膽固醇；促進貓咪的造血功能，預防癌症發生。

海帶

主要特點富含碘，對防止貓咪的甲狀腺疾病有一定的作用；含糖量非常少，幾乎沒有熱量，對於降血糖及降血脂有一定作用。海帶有抗凝血、調節免疫、預防腫瘤的作用。海帶可以作為貓咪排出重金屬毒素的抗氧化劑。海帶含有的褐藻酸鉀有維持鉀鈉平衡的作用，可輔助降低貓咪的血壓。

番茄

含大量維他命、茄紅素、胡蘿蔔素、葉酸及微量元素，是物美價廉的「防癌高手」。貓咪進食適量番茄能預防前列腺疾病、預防心血管疾病、防止骨質疏鬆、促進消化及減肥等。

白玉菇

是低熱量、低脂肪的食用菌，提高機體的免疫力，有效地阻止癌細胞的蛋白合成，是貓咪預防癌症的秘密武器。貓咪攝入適量白玉菇能防止便秘、預防衰老及通便排毒等。

蘆薈

有流傳「貓不可吃蘆薈」的說法，但目前國內外研究顯示，這種說法並沒有科學依據。根據記載，蘆薈對寵物具有緩解皮炎、治療傷口、治療胃部輕微潰瘍等作用。研究人員對 44 隻貓進行針對性治療 FeLV〔貓白血病（血癌）病毒〕，為期 12 週的研究，結果顯示 71% 貓存活且身體健康，有治療效果。同時，蘆薈對狗貓均有抗氧化的積極作用。需要注意的是過量的蘆薈黏液，可能帶來腹瀉風險。用蘆薈給貓做飯時需去皮，清洗黏液及少量添加烹調。整體而言，蘆薈無論是內服或外用，應該是安全的。

香菇

具有高蛋白、低脂肪的特點，含有豐富的礦物質，並對貓咪有很好的藥用效果。香菇具有抗腫瘤、抗衰老等功效，對貧血、佝僂病、肝硬化、食慾不振、腫瘤等有一定作用。香菇還富含生物鹼，具降低血液中膽固醇含量的作用，有效預防動脈血管硬化。香菇含有干擾素，能夠干擾病毒的蛋白合成，使機體產生免疫作用，對病毒性疾病有較好的防治作用。

蓮藕

蓮藕的黏液蛋白和膳食纖維含量非常高，特別是粗纖維含量，可促進貓咪對食物的消化吸收，調節腸道健康。蓮藕還含有大量鐵及鈣等多種微量元素。

西蘭花

維他命含量多，有豐富的維他命 C，具有強大的防癌功能。西蘭花為貓咪補充鈣質，有利骨骼和牙齒健康，提高免疫力。雖然加熱的西蘭花會導致維他命 C 流失，但當中的維他命 C 非常多，毋須擔心。

椰菜

是一種具有強大抗癌功效的蔬菜，有效保護黏膜。椰菜富含維他命 C、B_1、葉酸和鉀，還富含維他命 U，對貓咪的胃潰瘍有很好的治療作用。貓咪食用後，可補骨髓、潤臟腑、益心力、壯筋骨、利臟器。

青瓜

含有豐富的水分和膳食纖維，熱量很低，有助減肥。青瓜含有較多維他命 E 和 C，有抗氧化、抗衰老、抗癌的作用；青瓜含多量蛋白質及鉀鹽等，具有加速血液新陳代謝、排出體內多餘鹽分的作用。青瓜所含的葡萄糖苷、甘露醇、果糖及木糖，都不進行糖代謝，具有降血糖和降低膽固醇的效果。

 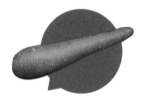

紅蘿蔔

含有大量胡蘿蔔素和豐富的維他命 A，是貓咪補充維他命 A 的優質來源，有養肝、明目的效果；還含豐富的維他命 C、E 等多種他命和微量元素，有改善便秘、保護皮毛健康、清熱解毒、增強免疫力的效果。

蘆筍

有低糖、低脂肪、高纖維、高維他命的特點，含豐富的維他命 B、A、葉酸、硒、鐵及鋅等。蘆筍含有其他蔬菜欠缺的蘆丁及蘆筍皂苷等營養元素，對防治心腦血管疾病、癌症有效；蘆筍含有豐富的抗癌元素 —— 硒，提高對癌細胞的抵抗力，蘆筍的天冬氨酸有助緩解疲勞、增強體質及促進排尿。

菠菜

含有大量 β - 胡蘿蔔素和鐵，也含較多維他命 B$_6$、葉酸和鉀，其中豐富的鐵有效預防貧血。菠菜葉含有鉻和類胰島素的物質，使貓咪的血糖保持穩定。菠菜含有大量的抗氧化劑，如維他命 E 和硒元素，有抗衰老、促進細胞增殖的作用。注意食用前，用開水略灼，可去除大部分草酸。

生菜

含有大量 β - 胡蘿蔔素、抗氧化物、礦物質及膳食纖維等成分，對貓咪有抗氧化、促進腸道健康、降低膽固醇、美毛護膚等功效。生菜含有干擾素誘生劑，可產生干擾素，抑制病毒，預防貓咪病毒性疾病的發生。

薯類

 **紫薯**

含有豐富的膳食纖維,可促進腸胃蠕動和腸道消化,熱量較低,幾乎不含膽固醇,對貓咪減肥有一定益處。紫薯還富含硒、鐵及花青素等元素,可增強貓咪的免疫力、抵抗疾病、抗疲勞、抑制體內癌細胞生長。

 **馬鈴薯**

含有大量的蛋白質、澱粉、碳水化合物、多種維他命和無機鹽等,具有很高的營養價值,但貓咪不宜食用太多。馬鈴薯還含有鈣、磷、鐵、鉀、鈉、鋅及錳等元素。需要注意的是,發芽的馬鈴薯含有較多龍葵鹼,容易引起中毒,不能給貓咪食用。

 **山藥**

含有大量澱粉及蛋白質、維他命、葡萄糖和澱粉酶等營養物質,具有預防動脈粥樣硬化、減少皮下脂肪沉積、助消化、降血糖等功效。山藥皮的皂角素和黏液中的植物鹼使人皮膚過敏,但對貓咪卻沒有這方面的研究。

 **番薯**

富含蛋白質、澱粉、果膠、纖維素、氨基酸、維他命及多種礦物質,維他命的 β- 胡蘿蔔素、E 和 C 含量最高;還含豐富的賴氨酸。番薯能很好地調節貓咪腸道的微生態平衡、保護心血管、增強免疫力,還有預防糖尿病及減肥等功效。

水果類

香蕉

營養豐富、熱量低，有豐富的蛋白質、糖、鉀、維他命 A、C 及膳食纖維等，促進貓咪腸道蠕動，有通便效果。香蕉有高鉀、低鈉的特點，可以排除貓咪體內多餘的鈉離子，有助降低血壓，而且香蕉的特殊香氣，對貓咪有很大的誘惑力。

藍莓

含有豐富的維他命及各種礦物質，還富含具抗氧化作用的花青素，是保護眼睛必不可少的營養元素，對於貓咪的美毛護膚、眼部健康、抵抗力都有重要的作用。

檸檬

蘋果

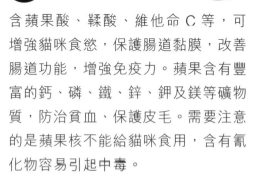

含蘋果酸、鞣酸、維他命 C 等，可增強貓咪食慾，保護腸道黏膜，改善腸道功能，增強免疫力。蘋果含有豐富的鈣、磷、鐵、鋅、鉀及鎂等礦物質，防治貧血、保護皮毛。需要注意的是蘋果核不能給貓咪食用，含有氰化物容易引起中毒。

熱量低，富含維他命、檸檬酸、蘋果酸、高量鉀元素和低量鈉元素等營養成分，建議給貓咪少量進食，最宜稀釋後食用，檸檬酸性太強，吃多了會刺激腸道，造成嘔吐、腹瀉、腸胃炎等發生。稀釋後的少量檸檬可增加食慾，調節貓咪的腸道健康。檸檬還有大量的維他命 C，預防心血管疾病、抗氧化等作用。

添加劑、調味類

三文魚油

純三文魚油主要含多不飽和脂肪酸、天然蝦青素，清除自由基，達到抗氧化作用。可抑制動脈壁變厚、預防心血管疾病、維持細胞膜流動性，保證免疫功能健康，平衡甘油三酯和膽固醇水平，降低肥胖風險。魚油的EPA、DHA 能提高貓咪的學習力及模仿力，促進腦部神經發育。

無糖乳酪

由於貓咪有乳糖不耐症，不建議給貓喝牛奶，但乳酪則可以。乳酪是由牛奶發酵而成的食物，牛奶中不易消化的蛋白和乳糖被分解，乳酪的益生菌可調節腸道菌群平衡，維持腸道健康；還含有蛋白質及鈣等營養元素。

芝士

含有大量的蛋白質、乳酸菌、礦物質和維他命等多種營養元素，在貓食中適量地添加，有助提高抵抗力，增強體質。芝士含非常豐富的鈣，對貓咪的骨骼和牙齒有一定益處。

蛋殼粉

主要成分為碳酸鈣，需要研磨細膩提高適口性和吸收率。蛋殼粉是補充貓咪所需鈣磷的有效來源之一，防治骨骼疾病。將蛋殼粉敷在外傷傷口，可防止傷處感染、止痛消腫。

啤酒酵母

是一種非常安全、營養豐富及均衡的可食用微生物。啤酒酵母幾乎不含脂肪、澱粉和糖，但含優質的蛋白質、完整的維他命 B 群、多種礦物質及優質膳食纖維。可用於貓咪減肥、預防糖尿病、脂肪肝及維他命 B 缺乏等。

 **碘鹽**

有說「貓不能吃鹽」，這說法是不科學。鹽中的鈉離子和鉀離子是機體重要的組成部分，維持細胞滲透壓平衡、參與神經和肌肉興奮等有不可或缺的職責。碘鹽指含碘的食鹽，碘的生理功能是甲狀腺激素的生理功能，有促進能量代謝、維持垂體的生理功能、促進發育等。

 **粟米粉**

含有亞油酸和維他命 E，能降低貓咪的膽固醇水平、減少動脈硬化發生。粟米粉含鈣及鐵較多，預防高血壓及冠心病。粟米粉豐富的膳食纖維能促進貓咪的腸道蠕動，縮短食物通過消化道的時間，減少有毒物質吸收和致癌物質對結腸的刺激。因粟米粉含高碳水化合物，不建議貓咪大量食用。

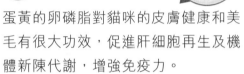 **蛋黃粉**

蛋黃的卵磷脂對貓咪的皮膚健康和美毛有很大功效，促進肝細胞再生及機體新陳代謝，增強免疫力。

 海藻粉

富含海藻多醣、甘露醇、氨基酸、蛋白質、維他命和鉀、鐵、鈣、磷、碘、硒、鈷等營養元素，含粗蛋白質 11.16%、粗脂肪 0.32%、碳水化合物 37.81%。它含有的礦物質和微量元素均以有機態存在。由於海藻粉營養的豐富性，加入海藻粉可調節機體代謝，提高貓咪免疫力，促進發育生長。

椰子粉、椰蓉

營養價值非常高，不但含有豐富的維他命、微量元素，還有許多脂肪、蛋白質、糖，尤其椰子粉含有椰子油、葵酸、油酸、月桂酸及脂肪酸等，提供大量的營養物質。椰子粉及椰蓉的鋅元素能促進生長發育，鋅還參與生物體正常生命活動，是新陳代謝過程不可缺少的元素。

橄欖油

是一種富含油酸的食用油。橄欖油含有較多的不飽和脂肪酸、豐富的脂溶性維他命、胡蘿蔔素及抗氧化物等多種成分，並不含膽固醇，能改善貓咪的消化系統。

亞麻籽油

氨基酸種類齊全，其中含有大量的 α-亞麻酸。α-亞麻酸是貓咪體內必需脂肪酸，可轉化為 DHA 和 EPA，食用後能預防皮膚問題、保護視力、降低血膽固醇、延緩衰老、抗過敏、抗腫瘤及降血脂等。

碳酸鈣

是一種常見的營養補充劑，具有很好的補鈣效果，可維持機體內神經、肌肉、骨骼系統、細胞膜和毛細血管通透性的正常運作，對貓咪的牙齒和骨骼發育尤為重要。

薑黃粉

含非常豐富的薑黃素、雙去甲氧基薑黃素、倍半萜類化合物以及薑黃酮等揮發油成分，還含有鈣、鎂、鈉、鉀等元素，對貓咪有抗炎症、抗氧化、增強心臟血管功能等作用。薑黃粉由薑黃製作，是一種天然的着色劑，和市面的生薑不一樣，薑黃色素有抑制癌細胞作用，在貓食中可少量添加。

桑葚乾

含有多種氨基酸，以及維他命 B_1、B_2、C 及 E 等多種維他命和多種有機酸。桑葚乾有鐵、鋅、鈣及磷等礦物元素及胡蘿蔔素、纖維素、果膠、葡萄糖、蔗糖、果糖等營養成分。桑葚乾具抗癌功效，可降低貓咪的血糖、血脂；含有亞油酸可改善消化功能，幫助貓咪消化。

低聚果糖

能促進貓腸道蠕動、改善便秘，還可降低貓咪血脂含量，加速膽固醇和脂肪代謝，有效預防心腦血管疾病。

左旋肉鹼

左旋肉鹼（L-Carnitine）是一種重要的類維他命物質，多從瘦肉提取，可發揮酶的作用，有很強分解脂肪的能力，對於肥胖的貓咪是一種很好的減肥食品。

牛磺酸

是貓咪必需的氨基酸，特別需要從食物中獲得牛磺酸。牛磺酸具有保護心臟、增強心肌、保護肝臟、促進胃腸功能、增強貓咪免疫力等功能。牛磺酸還有保護視力，促進視覺細胞增生的功能。

芝麻

含豐富的卵磷脂、油酸和亞油酸，還含有芝麻素、花生酸、芝麻酚、棕櫚酸、硬脂酸及維他命等。在貓飯中加入適量芝麻，能抗衰老、抗動脈硬化、抗高血壓、潤腸、通便及強化心腦血管等。

蛋黃油

富含維他命 A、D 和卵磷脂，對貓咪有提高適口性、亮毛美毛、促進皮膚健康、保護皮膚、消炎止痛及治療創傷等功效。

無鹽動物牛油

含 90% 脂肪、大量的銅、膽固醇及脂溶性維他命等，具有提高適口性、改善貧血、促進血液循環、保護貓咪內臟、皮膚、骨骼等作用，廣泛用於烘焙。

大米粉

含有大量的蛋白質、澱粉、纖維和維他命 B 群，脂肪含量較少，為貓咪儲存和提供熱能、調節脂肪代謝、提供膳食纖維、解毒、增強腸道功能等。

寵物花生醬

無鹽、無糖、無辣，是一種很好的調味食品，含有大量的蛋白質和鈣、鐵等礦物質，還含有維他命 B 群、維他命 E 等營養成分。

果蔬粉

是一種很安全的天然色素，廣泛用於烘焙。果蔬粉含有車前子果殼成分，可促進腸胃消化和吸收，對降低貓咪便秘和腹瀉等腸胃疾病的發病率有一定作用。

寵物羊奶粉

對貓咪不過敏、不上火，乳糖含量低，是最接近貓母乳的奶製品，對貓咪來說是優質奶源之一。羊奶富含熱量、短鏈脂肪酸、核苷酸，還含酪蛋白、乳清蛋白和鈣、磷、鉀、鎂、錳等礦物質。寵物羊奶粉含有較多免疫球蛋白，可提高貓咪的抵抗力。

山藥粉

與山藥的營養價值相似，山藥粉的水分含量比山藥少，易保存，過敏性低，在貓飯中宜適量添加。

角豆粉

其風味和顏色如朱古力，但不含可可鹼和咖啡因，貓咪可食用。角豆粉纖維含量高，可防止便秘、保護腸道健康；脂肪含量低，鈣含量高但不含草酸鹽；是一種良好的天然抗氧化劑。

木魚花

富含 DHA 和 EPA，可減緩貓咪衰老、調節新陳代謝、防止動脈硬化，也具有抗炎、保護視網膜等效果。

明膠

從動物的骨頭（多為牛骨或魚骨）中提煉的膠質，主要成分為蛋白質，廣泛用於慕斯蛋糕，主要是穩定結構的作用。

藥膳類

當歸

含維他命 A、E、精氨酸及多種礦物質，在貓食適量添加能抗癌、抗衰老、增強體質、調節機體免疫功能。

黃芪

含有葉酸、多種氨基酸、蔗糖、多醣和鋅、銅、硒等多種微量元素，提高貓咪呼吸系統的免疫能力，還有利排尿、調節血壓及增強免疫功能。

杞子

含有枸杞多醣及多種氨基酸，並有甜菜鹼、粟米黃素、酸漿果紅素等特殊營養成分。杞子具有很好的降血壓和降血脂作用，可以提高貓咪免疫力、促進腸胃蠕動、益氣安神、抗癌。

紅棗

紅棗含有蛋白質、多種氨基酸、維他命、鐵、鈣、磷等成分，使貓咪體內多餘的膽固醇轉變為膽汁酸，膽固醇減少，結石形成的概率也隨之降低。紅棗具有健脾暖胃、改善消化不良等功效，增強體質。用紅棗和杞子熬湯，可增強貓咪的抵抗力，保持健康。

杜仲

含杜仲膠、糖苷、生物鹼、有機酸、果膠、醛糖、維他命 C 及多種氨基酸等成分,具有強身健體、抗疲勞的作用,能增強機體非特異性免疫功能。此外,杜仲還有鎮靜、鎮痛、利尿及延緩衰老的作用。

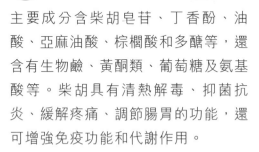

柴胡

主要成分含柴胡皂苷、丁香酚、油酸、亞麻油酸、棕櫚酸和多醣等,還含有生物鹼、黃酮類、葡萄糖及氨基酸等。柴胡具有清熱解毒、抑菌抗炎、緩解疼痛、調節腸胃的功能,還可增強免疫功能和代謝作用。

蓮子

含有碳水化合物、蛋白質、鈣、磷、鐵等,加入適量蓮子對貓咪有降血糖、安神清心、防癌抗癌等功效。

綠茶

主要成分是茶多酚,還有微量的咖啡因、脂多醣、葉綠素、氨基酸、維他命等營養成分。綠茶的茶多酚有抗衰老、抗癌、抑制疾病、消炎抗菌等作用;微量咖啡因能達到提神醒腦、利尿等作用,貓咪不宜攝入過量咖啡因;其他營養成分還有助降脂、護目及緩解疲勞等。

乾菊花

含有氨基酸、膽鹼、黃酮類、維他命及微量元素等物質,具有抵抗病原體、增強毛細血管的抗性、疏散風熱、明目、清熱解毒等功效。

貓咪避免進食的食物

朱古力

含可可鹼和咖啡因，若貓咪誤食一定分量的朱古力，四小時後可能出現嘔吐、腹瀉、喘息、緊張、興奮、震顫、心跳加速、心律失常、昏迷、抽搐等症狀，甚至猝死。

水果核

含有氰化物，干擾血液中氧氣的正常釋放，輕則頭痛、噁心；重則呼吸困難、意識障礙甚至全身抽搐。水果核也會造成貓的腸道堵塞。

生的馬鈴薯

貓咪可適量進食煮熟的馬鈴薯，但生的卻不能吃，因生馬鈴薯含有茄鹼（一種糖苷生物鹼毒素），造成貓咪出現嚴重胃腸道功能紊亂。另外，煮熟的馬鈴薯含有大量澱粉，貓咪不宜吃太多，否則難以消化，導致消化功能不佳。

洋葱

含可能破壞貓咪紅血球的 N- 丙基二硫化物，導致出現貧血和血紅蛋白尿症等。

大蒜

含有大蒜素，對貓咪來說是有毒的食物之一，食用過量造成溶血性貧血。另外，大蒜是一種刺激性調味食品，刺激貓咪胃腸道，導致出現消化不良。

葡萄

少量葡萄或葡萄製品會導致貓咪急性腎功能衰竭，最終有可能引發休克或死亡。

過高鹽分

貓咪不適合吃太鹹的食物，因皮膚沒有汗腺，體內的鹽分必須經由腎臟排出體外。如吃得太鹹，會加重腎臟負荷導致腎衰竭、尿結石等。

綠色番茄

含有龍葵鹼，進入貓體內會干擾神經信號傳遞，刺激腸道黏膜，導致貓咪下消化道劇烈不適，甚至腸胃出血。

咖啡

含有咖啡因，貓咪誤食會造成嘔吐、多尿，甚至產生神經和心臟系統異常。咖啡因對貓的致死量是 80-159mg/kg。

部分堅果

含有對貓咪有害的成分，可能引致出現精神萎靡、食慾不振、流涎、抽搐等症狀。

木糖醇

是一種人造甜味劑，作用是代替糖。研究發現，木糖醇和朱古力一樣，對貓咪有極其嚴重的危害。貓咪食用木糖醇後，可能會增加胰島素釋放，從而在短時間內出現嚴重低血糖的情況。嚴重的低血糖導致貓咪陷入昏迷並死亡。如出現此情況，及時接受治療，恢復後的貓咪可能發展為肝功能衰竭。

百合

百合所有部位都可使貓中毒。貓咪兩小時內會出現中毒症狀，剛開始時出現嗜睡、食慾不振和嘔吐的症狀，慢慢地可能會抽搐和口吐白沫，若不及時治療，會導致脫水、腎衰竭，甚至死亡。

柑橘皮和萃取柑橘油

貓咪誤食或長時間接觸柑橘皮或萃取柑橘油，輕微的可造成嘔吐、腹瀉和胃腸不適；嚴重的令肝臟失去代謝功能，進一步引致肝細胞壞死。

生雞蛋

不建議給貓食用生雞蛋，由於生雞蛋含有蛋白酶抑制劑，會降低貓對蛋白質和生物素的吸收和利用。生雞蛋含有細菌如沙門氏菌、大腸桿菌等，可能會引起細菌性腸炎，導致腹瀉、嘔吐或便血。

魷魚、章魚、貝類

有些寵物醫生說貓咪吃了魷魚及貝類，腰節骨變軟，這並沒有科學依據；但吃這類食物後，貓咪腸道不易消化，過量攝取會引起消化障礙。

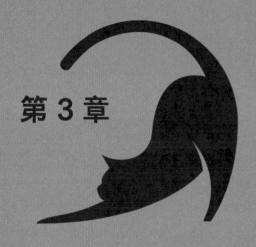

第 3 章

常用烹調
工具及煮法

煮給貓主人的飯食，有別於
日常人們的餐膳，適當選
用特別的烹調工具及煮食方
法，讓你更輕鬆自在地炮製
貓飯！

製作貓飯的烹飪工具

 電動打蛋器

主要將食物快速打發。

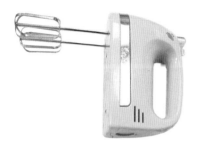

 手動打蛋器

可控制的速度打發食材，或將食材混合均勻。

手提攪拌棒

將食物打碎至均勻、細膩狀態。

攪拌機

將食材打碎及混合。

矽膠刮刀

用於翻拌，將容器壁上的食材刮乾淨。

風乾機

製作風乾食品（如肉乾、水果乾等），減少水分含量，便於攜帶儲存。

磨粉機

將各種原料研磨成粉末狀。

焗爐

烘烤蛋糕、甜品、零食等。注意使用時需提前預熱，否則可能導致食物受熱不均勻。

蒸鍋

利用蒸氣對流及加一定的壓力，使原料受熱滲透而變熟。

平底不黏鍋

用於炒、煎等烹調方式。

鍋鏟

用於翻炒食材。

刀、砧板

刀用於切割食材，改變食材的形態，易於烹調。砧板是輔助切菜。

小鍋

用於煮醬料及燉煮食材。

保鮮紙

保持食材新鮮，也可用於輔助食品塑形。

牛油紙

鋪在烤盤或模具，防止食物與烤盤或模具黏連，也可用於輔助食品塑形。

擠花袋

用於塑形，或將材料填充到模具中的輔助工具。

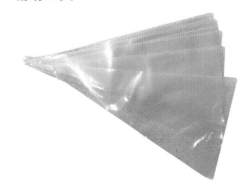

各款模具

改變食物的形狀或為食品塑形。

電子秤

精準秤量所需食材的重量。

矽膠掃

塗抹油或醬料等食材。

擀麵棒

在平面上滾動擠壓可塑性的食材。

廚房溫度測量器

手持測量儀，與水平保持 35°-45°角度，以 12:1 物距比例測量食物或焗爐內部溫度。

粉篩

將粉類過篩，使其更加細緻、無顆粒。

漏勺

盛起在水中煮好、毋須湯汁的食材。

製作貓飯的常用方法

蒸

作用：利用蒸氣的對流和一定壓力，使原料受熱滲透及變熟。

特點：酥軟、汁濃、味厚。

煮

作用：將食物原材料放入大量的湯汁或清水煮沸，以水為介質將食物加熱至熟透。

特點：質地細嫩、口感軟滑。

煲

作用：將食物原材料加入湯水及調味品，先用大火燒沸，然後轉成中小火，長時間煮熟。

特點：香氣四溢、湯汁清美、食物酥軟、易於消化，適用於貓咪在特殊時期的護理餐食。

烘焙

作用：材料通過乾熱的方式，脫水變乾的過程。烘焙後澱粉產生糊化、蛋白質產生變性等一系列化學變化 使食品熟化。

特點：受熱均勻、色澤鮮明、形態美觀。

煎

作用：燒熱少量油，放入原材料煎至熟透，表面呈金黃色及微焦。

特點：少油，口感外焦內嫩。

第 4 章

健康有營
的貓飯食譜

貓咪健康食譜蘊藏與食
品安全、衞生及營養相
關的科學知識。

本書介紹的貓咪食譜，
健康及科學性兼備，食
材巧妙的配搭，為貓主
子提供營養均衡的日常
佳餚。

貓咪的飲食習慣一般在 6 個月前養成，如貓咪在 6 個月前只吃單一食材，成年後大部分不願意接受新食物。貓咪特別喜歡吃濕潤的食物，餵食時最好充分將肉類和蔬果攪打成濕潤狀，重新組合食材的各大營養元素，提升鮮味。製作時可根據貓咪從小喜歡食物顆粒大小、形狀作調整。

貓咪的味覺不發達，主要靠嗅覺辨別，天冷時將貓飯適當加熱，回溫增加香氣，提升貓咪的接受度。最重要是貓奴的耐心，正確引導貓咪接受新食物。

能量 kcal
69.0
蛋白質 g
1.2
脂肪 g
5.3
碳水化合物 g
5.2

番茄的葉黃素強化血管，也是一種強氧化劑，幫助肝細胞再生，維持均衡的代謝活動，有極高的營養價值。烘焙時可增強視覺效果，熟化的番茄味容易吸引貓咪進食。

番茄拌醬

材料

- 番茄 1 個
- 食用油少許

做法

1. 在番茄頂部用刀劃出十字，用開水燙 5 分鐘，去皮，番茄肉切粒。
2. 在不銹鋼鍋內塗油，爆炒番茄粒，用小火煮出番茄汁，盛起。
3. 用手提攪拌棒打爛成番茄醬，冷藏，兩天內食用。

雞蛋拌醬

雞蛋富含 DHA 和卵磷脂、卵黃素，能提高記憶力，促進肝細胞再生，保護皮膚，所含鐵質是極佳的補血材料。打成糊狀後更易吸收，適口性很高，因熱量高，請注意餵食量。

能量 kcal	370.0
蛋白質 g	12.1
脂肪 g	25.0
碳水化合物 g	24.2

材料

- 雞蛋 1 個
- 粟米粉 15 克
- 羊奶粉 20 克
- 水 100 克
- 無鹽牛油 15 克

做法

1. 雞蛋拂打，放入粟米粉混合，攪拌至無顆粒狀。
2. 水內加入羊奶粉，以小火煮至邊緣冒小泡。將煮好的羊奶慢慢倒入混合的雞蛋液，邊倒邊快速攪拌。
3. 將所有液體倒回小鍋，用小火邊煮邊繼續攪拌至有紋路狀態，放入牛油，關火，攪拌均勻。
4. 小鍋放在冷水盆或冰水盆降溫，繼續攪拌至順滑狀。以保鮮紙於雪櫃保存，可儲存三天。

藍莓拌醬

藍莓含有豐富的花青素，加強抗氧化功能之餘，也維護眼部健康，可用於搭配食品。

能量 kcal	蛋白質 g	脂肪 g	碳水化合物 g
75.0	**2.5**	**0.5**	**17.8**

材料

* 藍莓 125 克

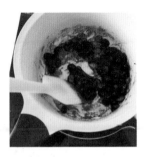

做法

1. 藍莓洗淨，對半切開，放入不黏鍋用小火煮，壓出汁液煮成醬，盛起。
2. 如貓咪喜歡細膩的口感，可用手提攪拌器壓碎藍莓，可冷藏，兩天內食用。

蛋殼粉

蛋殼粉是鈣及磷有效來源之一，防治貓咪骨骼疾病。製作時，必須撕掉雞蛋內膜。蛋殼研磨愈細膩，貓咪吸收得愈好，否則影響口感。在市面有蛋殼粉售賣。

材料

- 雞蛋殼適量

做法

1. 雞蛋殼洗淨，去除內部白色薄膜。
2. 放入水內煮沸 5 分鐘消毒，然後放入焗爐，用低溫 80℃烤 20 分鐘。
3. 最後放入磨粉機打成細粉，密封保存。

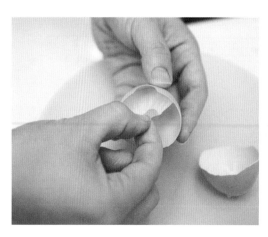

多菜雞肉腸

能量 kcal
394.0

蛋白質 g
44.7

脂肪 g
15.1

碳水化合物 g
20.7

材料

- 雞胸肉 200 克
- 紫薯 20 克
- 椰菜 20 克
- 秋葵 20 克
- 芝士粒 10 克
- 羊奶粉 10 克
- 啤酒酵母 10 克
- 亞麻籽粉 10 克

做法

1. 雞胸肉、椰菜及秋葵切成小塊，與芝士粒、羊奶粉、啤酒酵母及亞麻籽粉攪拌成泥狀。
2. 紫薯切小粒，與上述食材攪勻，裝入擠花袋。
3. 在模具塗上一層油，將食材擠入模具，以中火蒸 20 分鐘即可。

香菇肉撻

能量 kcal
197.0
蛋白質 g
30.9
脂肪 g
4.4
碳水化合物 g
10.8

材料

- 鮮香菇 4 朵
- 牛肉 70 克
- 雞肉 70 克
- 紅蘿蔔 30 克
- 南瓜 30 克

做法

1. 鮮香菇去蒂。
2. 牛肉及紅蘿蔔放入攪拌機打成泥狀。
3. 雞肉及南瓜放入攪拌機打成泥狀。
4. 將兩款配料填入香菇傘內,放入蒸鍋以中火蒸 8 分鐘。

雞肉蔬菜炒蛋

能量 kcal
607.0
蛋白質 g
56.5
脂肪 g
28.4
碳水化合物 g
33.7

材料

- 雞胸肉 100 克
- 去皮去骨雞腿肉 50 克
- 雞肝 25 克
- 雞心 50 克
- 蛋液 100 克
- 馬鈴薯 100 克
- 山藥 25 克
- 紅蘿蔔 25 克
- 蘋果 25 克
- 鹽 1 克
- 蛋殼粉 2 克
- 啤酒酵母 1 克

做法

1. 雞胸肉、雞腿肉、雞肝、雞心、山藥、紅蘿蔔及蘋果切粒備用。
2. 馬鈴薯蒸熟，壓成泥。
3. 蛋液拂打，在不黏鍋塗油，下蛋液以小火炒熟，盛起。
4. 在不黏鍋塗上油，加入雞肉粒、雞肝粒及雞心粒，以中火炒 3 分鐘，再下山藥粒、紅蘿蔔粒、蘋果粒及薯泥炒熟，加入熟蛋，撒上蛋殼粉、啤酒酵母及鹽炒勻。

雞肉壽司

能量 kcal	蛋白質 g	脂肪 g	碳水化合物 g
578.0	**65.8**	**31.6**	**8.0**

運用雞的不同部位製成蛋白質組合，提升貓飯的適口性，增加貓咪的食慾。注意雞肉不要切太厚，否則不易煎熟。

- 雞胸肉 200 克
- 雞腿肉 100 克
- 雞肝 20 克
- 雞心 40 克
- 啤酒酵母 2 克
- 蛋殼粉 2 克
- 雞蛋拌醬、木魚花、海苔各適量

做法

1. 雞胸肉去骨及去皮,備用。
2. 雞腿肉去骨去皮,切塊,放入攪拌機,加入蛋殼粉打成泥。
3. 雞肝及雞心放入攪拌機,加入啤酒酵母打成泥。
4. 在保鮮紙薄薄鋪一層雞肝、雞心肉泥,再鋪上雞胸及雞腿肉泥,捲起壓實,放入雪櫃冷凍定型。壽司肉卷切成 2cm 厚片。
5. 平底不黏鍋塗抹油,放入肉卷以小火煎熟,上碟,澆上雞蛋拌醬,綴上木魚花及海苔。

南瓜寶盒

能量 kcal	**595.0**
蛋白質 g	**46.0**
脂肪 g	**12.1**
碳水化合物 g	**81.7**

南瓜與雞肉搭配烹調，營養豐富又易於吸收，加上其餘食材，貓咪難以拒絕。挖南瓜時注意別破壞外皮，要去掉乾淨南瓜籽。

- 雞胸肉 1 塊
- 小南瓜 1 個
- 紅薯 1 個
- 番茄、芝士、西蘭花各適量

做法

1. 預熱焗爐至 180℃，小南瓜切去頂部，放入焗爐以 180℃ 烤 40 分鐘，至南瓜肉軟腍。
2. 紅薯去皮，切小塊，蒸 20 分鐘。雞胸肉蒸熟，切粒。番茄切粒；芝士切碎備用。
3. 南瓜去籽，挖出南瓜肉，與紅薯 1:1 比例混合，取適量雞肉粒、番茄粒及芝士碎混合，將餡料放回南瓜內，以 160℃ 烤 10 分鐘。
4. 西蘭花灼熟，裝飾即可。

龍脷魚蓉雞肉餅

能量 kcal
1130.0
蛋白質 g
102.9
脂肪 g
39.4
碳水化合物 g
94.3

雞肉與龍脷魚兩種蛋白質交錯層疊，香煎後增加鮮味，令貓咪充滿食慾。香蕉富含 β - 胡蘿蔔素和膳食纖維，促進腸道健康。注意塗抹每層肉的厚薄度均勻，賣相整齊美觀。

材料

- 香蕉半隻
- 雞胸肉 200 克
- 雞蛋 2 個
- 紅蘿蔔 40 克
- 蘋果 10 克
- 龍脷魚 200 克
- 椰子粉 50 克
- 羊奶粉 40 克
- 蜂蜜 10 克
- 海藻粉、啤酒酵母、亞麻籽粉、橄欖油各少許

做法

1. 香蕉、雞胸肉、紅蘿蔔及蘋果切小塊，和雞蛋放入攪拌機打成泥（攪拌期間加入幾滴檸檬汁以免蘋果氧化）。
2. 龍脷魚切小塊，和椰子粉、羊奶粉、蜂蜜、海藻粉、啤酒酵母及亞麻籽粉放入攪拌機打成泥。
3. 鍋內塗抹橄欖油，放入雞肉蔬果泥煎成約 1cm 厚餅至兩面金黃，盛起。
4. 鍋內塗抹橄欖油，放入魚蓉炒熟，盛起。
5. 將炒熟的魚蓉塗在雞肉餅間塑形，可依喜好疊加。

雙肉漢堡

能量 kcal	**731.0**
蛋白質 g	**89.4**
脂肪 g	**21.0**
碳水化合物 g	**48.3**

選用不同的肉仿造貓漢堡，滿足貓咪的不同需求，增加互動情感。芝麻富含亞油酸，可降低血液的膽固醇含量，防止血液疾病。芝麻打碎後吸收率更高。

材料

- 牛肉（瘦）200 克
- 雞胸肉 200 克
- 啤酒酵母 10 克
- 蛋殼粉 5 克
- 紫薯 100 克
- 山藥 100 克
- 生菜 2 片
- 芝士片、黑芝麻各適量

做法

1. 牛肉及紫薯切塊，放入攪拌機，加入啤酒酵母打成泥。
2. 雞胸肉及山藥切塊，放入攪拌機，加入蛋殼粉打成泥。
3. 平底不黏鍋塗上油，放入兩款肉料用小火煎成大小均勻的肉餅（雞肉餅需薄於牛肉餅），盛起。
4. 在兩塊煎好的雞肉餅夾上牛肉餅、芝士片及生菜，在餅面撒上黑芝麻。

三文魚蛋卷

能量 kcal	**367.0**
蛋白質 g	**32.8**
脂肪 g	**20.5**
碳水化合物 g	**14.3**

雞蛋和三文魚富含優質蛋白質。雞蛋能增強貓咪體力，適合病後調理。三文魚能預防動脈硬化和維持腦部機能，對皮毛健康非常有幫助，當中所含的 Omega-3 脂肪酸對腸胃具有消炎功效。如貓咪不喜歡三文魚，可更換喜歡的肉類，最後添加貓咪喜歡的佐料，鼓勵牠進食。

- 三文魚 100 克
- 雞蛋 2 個
- 紅蘿蔔 20 克
- 蘆筍 20 克
- 山藥 20 克
- 雞肉鬆、雞蛋拌醬、番茄拌醬、
  海苔碎及白芝麻各適量

做法

1. 蛋白和蛋黃分開，蛋黃蒸熟、切碎；蛋白備用。
2. 紅蘿蔔、蘆筍、山藥及三文魚蒸熟、切粒，與熟蛋黃混合，加入少許雞蛋拌醬，保持口感濕潤。
3. 不黏鍋塗上油，調至最小火，倒入蛋白煎成蛋餅，撒上海苔碎和白芝麻，翻轉煎熟取出。
4. 在蛋白餅鋪上三文魚餡料（前厚後薄），慢慢捲起，對半切開，表面撒上雞肉鬆，澆上番茄拌醬和雞蛋拌醬即可。

蝦仁滑蛋拼盤

能量 kcal	
216.0	
蛋白質 g	**30.0**
脂肪 g	**8.6**
碳水化合物 g	**6.9**

週末來一份易消化的蝦仁食品，除了多樣化食材，還能獲得蝦仁的蛋白質、牛磺酸、鈣、鐵及鋅，強化心臟功能。配上雞肉球及水果，全面補充營養成分。

材料

- 雞蛋 1 個
- 蝦仁 3 隻
- 雞胸肉 50 克
- 羊奶 2 湯匙
- 紅肉火龍果 3 片
- 生菜 1 片
- 雞肝粉、雞蛋拌醬、蛋黃粉各少許

做法

1. 雞蛋拂打，加入羊奶拌勻。

2. 燒熱不黏鍋及油，以小火炒蛋至半熟，放入蝦仁，關火燜熟，上碟，撒上少許雞肝粉。

3. 雞胸肉蒸熟，撕成條狀，加入雞蛋拌醬拌勻，搓成球狀。

4. 火龍果切粒；生菜洗淨放碟上，放上雞肉球，撒上蛋黃粉即可。

蝦仁雞肉班戟花花

營養成分 （班戟皮）	營養成分 （餡料）
能量 kcal	能量 kcal
605.0	**238.0**
蛋白質 g	蛋白質 g
22.8	**33.7**
脂肪 g	脂肪 g
25.4	**5.9**
碳水化合物 g	碳水化合物 g
71.9	**12.8**

果蔬粉能增加纖維素，有益腸道健康。班戟皮不要做得太厚，否則捲的時候容易斷裂，多做幾張備用。

- 班戟皮 2 張（菠菜色、原色）
- 雞胸肉 100 克
- 馬鈴薯 60 克
- 熟蛋黃 1 個
- 小蝦仁或三文魚丁、雞蛋拌醬各少許

做法

1. 雞胸肉、馬鈴薯、小蝦仁或三文魚丁蒸熟；雞胸肉撕成條，馬鈴薯壓成泥與熟蛋黃、小蝦仁、適量雞蛋拌醬混和成雞肉沙律。
2. 菠菜色班戟皮對半剪開，剪出一小條備用。將雞肉沙律鋪在菠菜色班戟皮，捲起成花束卷 3 個。
3. 用原色班戟皮包裹 3 個花束卷，再用菠菜色班戟條固定包好花束。

* 班戟皮烹飪步驟詳見 p.95 鮮蝦雞肉班戟。

貓貓壽喜鍋

於特定的日子，可製作日系壽喜鍋大餐給貓咪。壽喜鍋富含蛋白質，動物肝臟類食材有獨特的風味，維護眼睛和皮膚健康，促進血液循環，改善貧血。但食用過量會傷身，必須適度餵食。

能量 kcal	蛋白質 g	脂肪 g	碳水化合物 g
431.0	41.1	12.0	41.5

材料

- 雞胸肉 20 克
- 小雞腿 1 隻
- 鴨胗 10 克
- 對蝦 20 克
- 牛肉（肥瘦相間）20 克
- 雞心 10 克

- 白菜 20 克
- 小棠菜 10 克
- 海帶 20 克
- 白玉菇 2 克
- 香菇 20 克
- 奶豆腐（去脂芝士）20 克
- 鵪鶉蛋 1 個
- 烏冬 40 克

做法

1. 鵪鶉蛋煮熟備用。
2. 所有食材洗淨，雞胸肉、小雞腿、鴨胗、牛肉及雞心切丁，冷水下鍋煮沸，撇去浮沫，放入餘下食材，煮熟後即可。

* 生雞腿不用去皮去骨，煮熟後去掉雞腿骨和皮，再給貓咪食用。對於挑食的貓咪，可將所有食材切碎後餵食。

多肉烏冬

用紫薯、南瓜的顏色結合雞肉及魚肉製作日系烏冬。熟南瓜的 β - 胡蘿蔔素釋放得多，也更易吸收，大部分貓咪都喜愛南瓜的氣味。擠出來的麵條易斷，小心處理。

能量 kcal	**939.0**
蛋白質 g	**103.6**
脂肪 g	**35.4**
碳水化合物 g	**54.5**

材料

- 雞胸肉 300 克
- 紫薯 100 克
- 雞蛋 2 個
- 去皮鯖魚 150 克
- 南瓜粉 15 克
- 粟米澱粉 15 克

做法

1. 紫薯、雞胸肉及雞蛋 1 個放入攪拌機打成泥，裝入擠花袋備用。
2. 鯖魚、南瓜粉及雞蛋 1 個放入攪拌機打成泥，加入粟米澱粉，用筷子攪拌至有筋性，裝入擠花袋備用。
3. 水煮滾，將擠花袋剪成小口，麵條擠入水中，浮起後盛起。

滋補菊花雞湯

材料

- 雞腿 1 隻
- 蓮藕 30 克
- 海帶 10 克
- 乾菊花 2 朵
- 杞子 8-10 顆
- 車厘茄 1 個

能量 kcal
298.0
蛋白質 g
24.9
脂肪 g
19.6
碳水化合物 g
6.3

做法

1. 雞腿去骨，洗淨（或可煮熟後去骨）；車厘茄切片。
2. 鍋內放入冷水，下雞腿和雞腿骨，煮沸後撇去浮沫。
3. 蓮藕去皮、切片，海帶切絲放入鍋內，煮 15 分鐘，加入菊花及杞子續煮 5 分鐘，取出雞腿骨。
4. 雞湯盛起，加入車厘茄即可。

* 煮雞腿時不用去皮；但餵食時則宜將雞腿骨和皮去除。

蘆薈魚滑湯

能量 kcal
116.0

蛋白質 g
18.1

脂肪 g
0.4

碳水化合物 g
10.4

魚肉鮮美，加入有益脾胃的秋葵，同時能增加貓咪喝水量，預防泌尿系統疾病。蘆薈能量很低，可預防癌症。因蘆薈皮內含黏液，處理時需小心，要去掉蘆薈皮並清洗黏液。

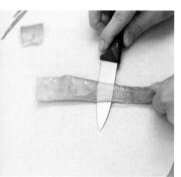  

材料

- 龍脷魚 00 克
- 蘆薈 15 克
- 雞蛋白半個
- 粟米澱粉 10 克
- 秋葵 1 條（切片）

做法

1. 龍脷魚切小塊，蘆薈去皮 洗抔黏液，一起放入攪拌機打成泥。

2. 拌入蛋白，用筷子拌勻，加入粟米澱粉拌至有筋性。

3. 水燒滾，用小匙將食物泥掏入水內，撇去浮沫。待丸子浮起，放入秋葵片再煮 2 分鐘。

春夏藥膳湯

春夏季節新陳代謝開始旺盛，隨着溫度上升，水分和營養容易流失。春夏是細菌、微生物繁殖的時刻，稍不注意容易引發腸胃疾病。需要幫助貓咪健脾暖胃、清熱解毒、抑菌抗炎。

能量 kcal	**765.0**
蛋白質 g	**51.1**
脂肪 g	**29.1**
碳水化合物 g	**71.1**

 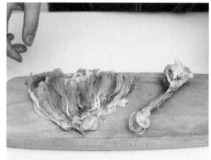 

材料

- 雞腿 2 隻
- 乾蓮子（去芯）100-150 克
- 柴胡 20-30 克
- 杞子及去核紅棗各適量

做法

1. 雞腿去骨、切塊，放入冷水鍋內，煮沸後撇去浮沫（或煮熟後去骨）。
2. 蓮子及柴胡洗淨，放入煲湯袋內，排入鍋中，加入杞子和紅棗煮 20 分鐘。

* 煮雞腿時不用去皮；但餵食時宜將雞腿骨和皮去除。吃時丟掉煲湯袋。

秋冬藥膳湯

立秋後天氣逐漸涼爽及乾燥，寒冷時需要增加熱量，食慾也相對旺盛。此湯以強身健體、增加免疫力為主。補氣養血的優質蛋白質可提供氨基酸，以補充皮脂分泌，供給皮膚養分，預防乾癢。

能量 kcal	
774.0	
蛋白質 g	
51.8	
脂肪 g	
54.5	
碳水化合物 g	
17.3	

材料

- 杜仲 3-4 小片
- 當歸 1 小片
- 黃芪 15-18 片
- 杞子 8 顆
- 去核紅棗 8 顆
- 排骨 8-10 塊
- 帶皮雞腿 6 隻
- 山藥、白玉菇各少許

做法

1. 雞腿去骨（或煮熟後去骨），洗淨。
2. 鍋內加入冷水，放入雞腿和排骨，煮沸後撇去浮沫。
3. 杜仲、當歸及黃芪放入煲湯袋內，和杞子及紅棗加入湯內續煮。
4. 山藥切塊，和白玉菇放入鍋內，以大火煮沸再轉小火煮 30 分鐘，盛起，去掉煲湯袋食材。

＊煮雞腿時不用去皮；但餵食時則宜將雞腿骨和皮去除。

第 5 章

貓咪
悠閒輕食

輕食是針對下午茶、派對而設計,甜食
能帶來幸福滿足感,貓咪吃些小零食是
和主人互動、增進情感的環節。

這些食物不可完全替代主食,根據貓咪
自身條件控制攝入量和次數,偶爾進食
是安全的。注意食材營養,針對貓咪的
生理特徵,以不易導致過敏的低碳水化
合物作為主要配料。

魔法蝦球

材料

- 蝦 6 隻
- 雞胸肉 140 克
- 食用油適量
- 紅蘿蔔 20 克
- 西蘭花 20 克
- 熟雞蛋黃 2 個

能量 kcal	蛋白質 g	脂肪 g	碳水化合物 g
464.0	**54.2**	**22.2**	**11.4**

做法

1. 蝦去頭、去殼、去腸，留蝦尾。
2. 雞胸肉、紅蘿蔔及西蘭花放入攪拌機打碎，加入適量食用油、熟雞蛋黃攪拌。
3. 以雞肉料包住蝦隻，露出蝦尾，放入焗爐以 160℃ 烤 15 分鐘（時間與溫度根據蝦隻大小作適度調整）。

* 注意餵食前去掉蝦尾，防止弄傷貓咪的喉嚨。

多味天婦羅

能量 kcal	**229.0**
蛋白質 g	**27.0**
脂肪 g	**10.6**
碳水化合物 g	**6.7**

材料

- 蝦 2 隻
- 雞胸肉 100 克
- 南瓜碎 50 克
- 食用油適量

做法

1. 蝦去頭、去殼，留蝦尾；雞胸肉放入攪拌機打成泥，加適量食用油混合。
2. 取適量雞肉泥包裹整隻蝦，露出蝦尾；南瓜碎鋪滿雞肉表面。
3. 燒滾水，放入蝦球以中火蒸 8 分鐘。

* 注意餵食前去掉蝦尾，防止弄傷貓咪的喉嚨。

芝士雞肉餅乾

這款食譜加了芝士粒，更受貓咪喜愛，胖貓咪需要注意攝入量。

能量 kcal	**361.0**
蛋白質 g	**45.5**
脂肪 g	**14.2**
碳水化合物 g	**13.7**

材料

- 雞肉 210 克
- 紅蘿蔔 90 克
- 芝士粒適量

做法

1. 所有材料混合攪碎，鋪在兩張牛油紙之間，用擀麵棒擀成薄餅。
2. 拿掉上面的牛油紙，用刀劃出餅乾大小劃痕，放入焗爐以 150℃ 烤 50-60 分鐘，放涼，掰成小塊即可。

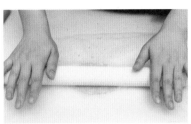

太陽蛋撻

能量 kcal
331.0
蛋白質 g
48.4
脂肪 g
8.6
碳水化合物 g
15.6

- 大蝦仁 3 隻
- 雞胸肉 140 克
- 馬鈴薯 60 克
- 無糖乳酪、蛋黃液、南瓜丁、
  藍莓拌醬、蛋黃粉各適量

乳酪藍莓醬撻做法

1. 蝦仁、馬鈴薯及雞胸肉蒸熟，放入攪拌機打成泥。蛋撻模抹上油，取適量雞肉料填入模具，放入焗爐以 170℃ 烤 20 分鐘。
2. 直接倒入無糖乳酪、藍莓拌醬，以蛋黃粉裝飾即可。

南瓜蛋黃撻做法

1. 蝦仁、馬鈴薯及雞胸肉蒸熟，放入攪拌機打成泥。蛋撻模抹上油，取適量雞肉料填入模具，放入焗爐以 160℃ 烤 20 分鐘。
2. 倒入打散的蛋黃液，放入焗爐以 160℃ 烤 5 分鐘至凝固，放上蒸熟的南瓜丁，再烤 5 分鐘即可。

凍乾奶條

羊奶的熱量和脂肪極高，雖是零食但要控制分量，否則容易造成腹瀉。最好選擇無糖乳酪，也可自製無添加乳酪，牛奶經過乳酸菌發酵後，乳糖降解，對貓咪是安全的。

能量 kcal	**331.0**
蛋白質 g	**14.6**
脂肪 g	**16.4**
碳水化合物 g	**31.5**

材料

- 羊奶粉 60 克
- 無糖乳酪 18 克
- 凍乾肉粒 15 克

做法

1. 所有食材拌勻，用牛油紙塑成扁長方形。
2. 將食材切成條狀，放入風乾機以 80℃ 進行 20 分鐘風乾。

鱈魚海苔片

鱈魚富含優質蛋白質，脂肪含量低，肉質鮮美易吸收。海苔熱量低，纖維高。這款零食對減肥的貓咪很合適，宜選無鹽原味海苔。

能量 kcal
620.0
蛋白質 g
71.3
脂肪 g
25.7
碳水化合物 g
25.0

材料

- 鱈魚 200 克
- 雞胸肉 100 克
- 蛋黃粉 25 克
- 椰子粉 25 克
- 西蘭花 50 克
- 海苔、芝士粒各適量

做法

1. 鱈魚及雞胸肉切成小塊，和椰子粉放入攪拌機打成泥。
2. 烤盤鋪上一張牛油紙，放上一片海苔，均勻地鋪上鱈魚雞肉泥。
3. 西蘭花切碎，和蛋黃粉及芝士粒鋪在雞肉上。
4. 預熱焗爐至 120℃，放入海苔片以上下火 120℃烤 30 分鐘。

肉肉圈

能量 kcal	
789.0	
蛋白質 g	
72.5	
脂肪 g	
45.3	
碳水化合物 g	
23.5	

這款零食能平衡腸胃、緩解便秘,添加了寵物椰子油,味道清香,皮膚外用有消炎作用,無毒性。寵物花生醬和椰子油是油脂類產品,注意肥胖貓咪的熱量攝入量。

材料

- 雞胸肉 300 克
- 新鮮蘋果 10 克
- 寵物花生醬 10 克（或蔬菜粉 5 克）
- 椰子油 10 克
- 雞蛋液 50 克
- 羊奶粉 20 克
- 蛋黃粉 10 克
- 新鮮檸檬 1/4 個

做法

1. 雞胸肉和蘋果切成小塊（擠入檸檬汁以免蘋果氧化），放入攪拌機打成泥。
2. 放入椰子油、雞蛋液、羊奶粉及蛋黃粉拌勻，再加入寵物花生醬或蔬菜粉攪拌。
3. 將肉泥裝入擠花袋，擠出形狀並放入已預熱焗爐，開上下火 90℃烤 30 分鐘。

鮮蝦雞肉班戟

營養成分 （班戟皮）	營養成分 （餡料）
能量 kcal **605.0**	能量 kcal **676.0**
蛋白質 g **22.8**	蛋白質 g **58.9**
脂肪 g **25.4**	脂肪 g **41.7**
碳水化合物 g **71.9**	碳水化合物 g **16.2**

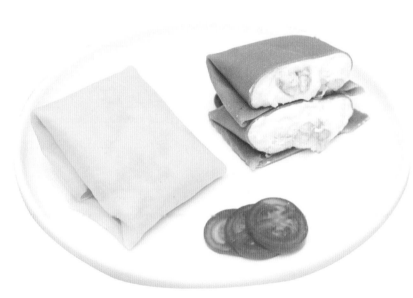

班戟皮

- 雞蛋 2 個
- 大米粉 35 克
- 粟米澱粉 15 克
- 山藥粉 22 克
- 羊奶粉 25 克
- 亞麻籽油 10 克
- 水 140 克
- 角豆粉 3 克

班戟皮做法

1. 羊奶粉與水攪勻。
2. 原色班戟皮：雞蛋打散，加入粉類攪勻，加入亞麻籽油，拌入羊奶混合後篩至細膩（朱古力班戟皮在原色基礎上添加角豆粉）。
3. 預熱平底不黏鍋，舀一勺麵糊，晃動鍋子攤勻，開小火煎 10 數秒，班戟皮可脫鍋即可。只需煎單面，煎好的餅皮待涼，直至麵糊用完。

餡料

- 熟蝦 1 隻
- 忌廉芝士 150 克
- 乳酪 90 克
- 熟雞肉碎 75 克

餡料做法

1. 用電動打蛋器打發忌廉芝士至絮狀，分 3 次加入乳酪打勻，最後下雞肉碎打勻，裝入擠花袋。
2. 在餅皮間鋪好餡料，放上熟蝦，再鋪一層餡料，摺成班戟形狀即可。

奶香南瓜布甸

這是一款新手輕鬆製作的小甜點，明膠冷水泡軟使用。南瓜蒸熟易爛，切丁時需要點耐性，落刀要利落，再輕輕混入羊奶。

能量 kcal	**188.0**
蛋白質 g	**6.7**
脂肪 g	**7.7**
碳水化合物 g	**24.1**

 材料

- 羊奶粉 30 克
- 水 120 克
- 南瓜 150 克
- 明膠 1 片

 做法

1. 南瓜蒸熟，切丁；明膠冷水泡軟備用。
2. 羊奶粉與水拌勻，以小火煮至邊緣起小泡，放入泡軟的明膠拌溶，放入蒸熟的南瓜丁，關火，盛起，冷藏 2 小時。
3. 倒扣容器脫模，切塊即可。

牛肉凍糕

食材盡量絞打細膩，呈現罐頭啫喱的效果，可用矽膠模具，方便新手脫模，這個分量適合貓咪聚會時分享。

能量 kcal	蛋白質 g	脂肪 g	碳水化合物 g
522.0	**92.2**	**4.0**	**28.1**

材料

- 牛肉 400 克
- 山藥 100 克
- 番茄 50 克
- 西蘭花 50 克
- 明膠 2 片
- 水 1500 克

做法

1. 明膠放入冷水泡軟，備用。
2. 牛肉、山藥、番茄及西蘭花切小塊，放入攪拌機打碎。
3. 將打碎食材倒入鍋內炒香，倒入水煮開，轉小火煮 10 分鐘，再轉大火煮一會。
4. 放涼至約 50℃（用廚房溫度計），加入泡軟的明膠拌勻，倒入模具，冷藏保存。

貓咪朱古力

能量 kcal
432.0

蛋白質 g
31.1

脂肪 g
26.9

碳水化合物 g
16.2

忌廉芝士開封後較易腐壞，盡量選擇日期較近的。忌廉芝士口感偏酸，是貓咪喜歡的味道，而且熱量不低，肥胖貓咪要注意攝入量。凍乾肉粒大小要適合模具，脫模時需小心取出，解凍後儘快食用。

材料

- 羊奶忌廉芝士 100 克
- 乳酪 100 克
- 明膠 2 片
- 凍乾肉粒或鮮肉粒適量
- 蔬菜粉適量

做法

1. 用電動打蛋器打發羊奶忌廉芝士至絮狀,分次加入乳酪打勻,加入蔬菜粉調至喜歡的顏色。
2. 明膠放入冷水泡軟,備用。
3. 明膠隔水加熱至融化,加入忌廉芝士糊內混合,在模具倒至五分滿,放入肉粒,再用忌廉芝士糊填滿模具。
4. 模具填滿後冷凍保存,雪至凝固即可(餵食前需常溫解凍)。

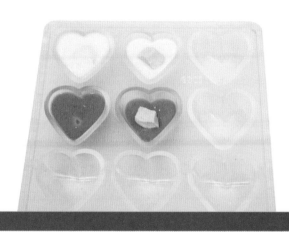

雞肉酥皮泡芙

營養成分 （酥皮）	營養成分 （餡料）	營養成分 （泡芙）
能量 kcal **534.0**	能量 kcal **616.0**	能量 kcal **656.8**
蛋白質 g **6.5**	蛋白質 g **49.5**	蛋白質 g **21.4**
脂肪 g **41.1**	脂肪 g **39.9**	脂肪 g **42.5**
碳水化合物 g **35.6**	碳水化合物 g **14.7**	碳水化合物 g **47.9**

如你家貓咪是小胖子，可將餡料忌廉芝士換成雞肉碎，與乳酪混至濕潤，填滿泡芙。若你是新手，直接先做泡芙。

酥皮材料

- 牛油 40 克
- 羊奶粉 5 克
- 低筋麵粉 45 克

餡料

- 忌廉芝士 150 克
- 乳酪 90 克
- 熟雞肉碎 45 克

泡芙材料

- 低筋麵粉 25 克
- 山藥粉 10 克
- 大米粉 15 克
- 羊奶粉 15 克
- 水 65 克
- 牛油 30 克
- 雞蛋 2 個（拂打）

做法

酥皮

1. 牛油軟化，加入羊奶粉及低筋麵粉拌至細滑。
2. 根據製作泡芙的大小，將牛油羊奶糰整成圓柱形，冷藏至結實。

餡料

1. 雞肉蒸熟，放入攪拌機打碎備用。
2. 忌廉芝士用電動打蛋器攪打順滑，分三次加入乳酪（每次打滑後再加乳酪）。
3. 加入蒸熟的雞肉碎輕輕混合，裝入擠花袋備用。

 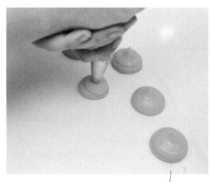 

泡芙

1. 牛油、羊奶粉及水放入鍋內，以中小火拌至牛油融化，注意不要沸騰。

2. 篩入低筋麵粉、大米粉和山藥粉，立刻用手動打蛋器迅速拌成燙麵糰，至鍋壁出現凝固物，關火及停止攪拌。

3. 倒出麵糰稍放涼至溫熱，將蛋液分次慢慢加入（每次加入要充分攪拌，視乎麵糊狀態決定加入多少蛋液）。攪好的麵糊是打蛋器提起呈倒立三角，可拉起長尾。

4. 麵糊裝進擠花袋，在鋪好牛油紙的烤盤擠出小麵糰，放上冷藏的酥皮薄片。

5. 預熱焗爐，以上火 200℃、下火 160℃，放於中層烤 10 分鐘後，再移至中上層再烤 5 分鐘，根據個別的烤箱調整時間。最後擠入餡料即可。

抹茶雞肉蛋糕

能量 kcal
446.0
蛋白質 g
42.9
脂肪 g
20.8
碳水化合物 g
22.1

材料

- 熟雞肉碎 140 克
- 熟薯仔泥 60 克
- 忌廉芝士 50 克
- 無糖乳酪 70 克
- 菠菜粉適量

做法

1. 熟薯仔泥和熟雞肉碎混合成糰，在模具壓實，脫模。
2. 用電動打蛋器打發忌廉芝士至絮狀，分次加入無糖乳酪打勻，下適量菠菜粉調色，淋在肉泥塊表面，撒上菠菜粉裝飾。

鴨肉紫薯薄餅

此 6 吋紫薯薄餅屬薄底款，如貓咪喜歡厚底口感，可選用 4 吋或小模具製作。

材料

- 紫薯 100 克
- 鴨肉 140 克
- 牛油 15 克
- 煙肉 1 片
- 熟雞胸肉 50 克
- 西蘭花、車厘茄、蝦仁、番茄拌醬、芝士、雞肝粉、木魚花各適量

做法

1. 紫薯及鴨肉蒸熟，壓成泥，混合牛油，鋪在墊有牛油紙的烤盤，以 170℃ 烤 20 分鐘定型。

2. 煙肉泡水，去掉多餘鹽分，切大片。

3. 薄餅底抹上番加拌醬，熟雞胸肉撕成條鋪上，煙肉片交替擺放，最上層放蝦仁，排入焗爐以 170℃ 烤 15 分鐘，撒上芝士再烤 5 分鐘至溶化。

4. 西蘭花灼熟，車厘茄切丁裝飾，最後撒上雞肝粉和木魚花。

南瓜乳酪蛋糕

能量 kcal
595.0
蛋白質 g
49.1
脂肪 g
31.4
碳水化合物 g
30.5

這款零食適合新手貓主人製作,是熱量較高的食品,適合需要美毛、增肥的貓咪食用。

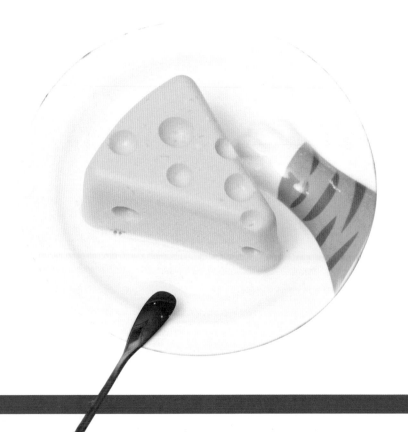

- 忌廉芝士 100 克
- 無糖乳酪 100 克
- 熟南瓜泥 200 克
- 熟雞肉碎 100 克
- 明膠 3 片

做法

1. 用電動打蛋器打發忌廉芝士至絮狀，分次加入無糖乳酪打勻，再下南瓜泥分次打勻。

2. 明膠放入冷水泡軟，隔水加熱至融化，加入已打好的忌廉芝士糊打勻。

3. 在模具倒入一半忌廉芝士糊，冷藏至凝固，鋪上熟雞肉碎，再倒入忌廉芝士糊填滿模具，輕敲模具以釋出氣泡，冷凍至硬即可脫模（餵食前需置於常溫）。

開心布朗尼

能量 kcal	319.0
蛋白質 g	44.4
脂肪 g	13.3
碳水化合物 g	5.3

烤過的布朗尼外層偏硬，
餵食時宜切成小塊。

- 雞肉 70 克
- 雞心 40 克
- 牛肉 80 克
- 馬鈴薯 80 克
- 雞蛋 1 個
- 雞蛋拌醬適量
- 木魚花、海苔碎、雞肝粉、
  蛋黃粉、杞子各適量（裝飾用）

1. 預熱焗爐至 160℃；雞肉蒸熟、
   切丁（部分撕成條）。
2. 牛肉、雞心、馬鈴薯及雞蛋混合，
   放入攪拌機打碎，加入熟雞肉丁
   混合。
3. 在蛋糕模內抹油，放入以上食材，
   以 160℃烤 20 分鐘。
4. 雞蛋拌醬淋在布朗尼表面，雞肉
   條與雞蛋拌醬混合捏成肉球，擺
   在蛋糕上。
5. 最後放上木魚花、海苔碎、雞肝
   粉、蛋黃粉及杞子裝飾。

貓咪生日蛋糕

製作完成後儘快讓貓咪享用，因無添加，食材會因水分流失致爆漿部分凝固。

材料

- 雞肉 160 克
- 雞肝 1 個
- 馬鈴薯 90 克
- 啤酒酵母 5 克
- 雞蛋 1 個
- 秋葵 1 條
- 雞蛋拌醬適量

營養成分（生日蛋糕）	營養成分（裝飾料）
能量 kcal	能量 kcal
376.0	55.0
蛋白質 g	蛋白質 g
42.1	6.2
脂肪 g	脂肪 g
13.3	1.5
碳水化合物 g	碳水化合物 g
22.5	4.2

裝飾材料

- 熟雞肉泥 30 克
- 熟馬鈴薯泥 20 克
- 蔬菜粉適量

做法

1. **蛋糕製作：** 雞肉、馬鈴薯、雞蛋及啤酒酵母拌勻，裝入 3 個 4 吋模具，放入已預熱焗爐以 160℃烤 20 分鐘；用 3 吋慕斯圈印出蛋糕片。

2. 多餘的肉餡與雞蛋拌醬拌成厚糊狀，將 3 塊蛋糕片黏合固定，用透明慕斯圈圍緊蛋糕，在蛋糕頂部倒入雞蛋拌醬。

3. 雞肝煮熟、切碎，鋪在蛋糕面，放上灼熟及切片的秋葵裝飾（或以貓咪喜歡的零食裝飾）。

4. **裝飾製作：** 熟雞肉泥及熟馬鈴薯泥混合，捏成球狀，表面撒上蔬菜粉調色，放蛋糕旁裝飾。

第6章

貓咪疾病
營養輔助食療

具營養輔助作用的貓飯可稱為貓咪臨床營養飲食,考慮了生病期間貓咪的特性——不愛吃食物;腸胃因治療而不適;嚴重的還會厭食、嘔吐,所以適口性成了貓咪臨床營養飲食最重要的。

臨床營養是獨立的科學,也是輔助治療的重要組成部分,有別於保健品及藥品,它是美味的佳餚,成為具備輔助療效的飯食,雖不能作為獨立的治療手段,但可提高貓咪生病期間的生活質量。

有助腸胃健康

馬鈴薯紅蘿蔔煮雞肉

能量 kcal
373.0

蛋白質 g
41.2

脂肪 g
16.3

碳水化合物 g
16.4

材料

- 雞胸肉 200 克
- 馬鈴薯 40 克
- 魚油 5 克
- 紅蘿蔔 15 克
- 蘆筍 10 克
- 低聚果糖 1 克
- 乾菊花 3 瓣
- 綠茶葉 4 克
- 檸檬半個
- 碳酸鈣 2 克
- 加碘食鹽 1 克

做法

1. 雞胸肉切丁、煮熟，撇去浮沫，盛起放涼，加入適量湯備用。
2. 馬鈴薯、紅蘿蔔及蘆筍切丁，放入雞肉湯內煮熟（針對挑食的貓咪，可將食材煮熟後絞碎）。
3. 乾菊花及綠茶葉磨成粉；檸檬榨汁，全部加入湯內。
4. 依次加入雞胸肉及魚油，最後下低聚果糖、加碘食鹽及碳酸鈣拌勻。

貓咪腸胃不適是常見的問題，表現的是慢性腹瀉或嘔吐。營養與飲食是改善貓咪腸胃健康的重要因素，消化功能關係很大。

能量 kcal	329.0
蛋白質 g	43.2
脂肪 g	12.3
碳水化合物 g	12.4

馬鈴薯紅蘿蔔煮鱈魚

材料

- 鱈魚肉 200 克
- 馬鈴薯 40 克
- 魚油 10 克
- 紅蘿蔔 15 克
- 蘆筍 10 克
- 低聚果糖 1 克
- 乾菊花 3 瓣
- 綠茶葉 4 克
- 檸檬半個
- 碳酸鈣 2 克
- 加碘食鹽 1 克

 做法

1. 鱈魚肉切丁、煮熟，撇去浮沫，盛起放涼，加入適量湯備用。
2. 馬鈴薯、紅蘿蔔及蘆筍切丁（對挑食的貓咪，食材煮熟後可絞碎）。
3. 乾菊花及綠茶葉磨成粉；檸檬榨汁，全部加入湯內。
4. 依次加入鱈魚肉及魚油，最後下低聚果糖、加碘食鹽及碳酸鈣拌勻。

 健康小貼士

- 優質的蛋白質來源是維護貓咪腸胃健康的法寶，並含有豐富及全面的氨基酸。各種魚肉及雞肉是不錯的優質蛋白質來源，相對單一的動物蛋白質來源，可避免貓咪對多蛋白質種類產生不良反應。
- 食物過敏會引起貓咪胃腸不適，乳製品、麩質如麵筋、小麥等都是容易導致貓咪過敏的食材，應盡量減少或不添加。
- 貓咪腸道內的有害菌過度生長，也是貓咪胃腸道健康出現問題的罪魁禍首之一。可以通過增加益菌來降低有害菌，如在貓飯加添幫助有益菌生長的益生元。

貓咪的皮膚及被毛健康受很多因素影響，其中較關鍵的是貓飯中的蛋白質營養物質、維他命 A、E 及食物中的必需脂肪酸和礦物質鋅。

三文魚鴨肉糊

能量 kcal	**361.0**
蛋白質 g	**37.9**
脂肪 g	**20.6**
碳水化合物 g	**8.8**

材料

- 三文魚 160 克
- 鴨肉 35 克
- 鴨肝 5 克
- 魚油 4 克
- 亞麻籽油 1 克
- 海苔 4 克
- 芝麻 3 克
- 藍莓拌醬 20 克
- 啤酒酵母 3 克
- 蛋殼粉 2 克
- 加碘食鹽 1 克

 做法

1. 芝麻及海苔磨成細粉。
2. 三文魚肉、鴨肉及鴨肝用水煮熟，撇去浮沫；加入適量湯，放入攪拌機攪成糊狀（湯水的分量影響糊狀的厚薄程度），冷卻至常溫（冬天可留餘溫）。
3. 依次加入蛋殼粉、芝麻粉、海苔粉、魚油、亞麻籽油及藍莓拌醬，最後加入食鹽及啤酒酵母拌勻。

*藍莓拌醬做法參考 p.55。

健康小貼士

- 貓毛髮 90% 以上由蛋白質組成，三文魚肉的維他命 A 和礦物質鋅含量豐富，100 克含有 $206\mu g$ 維他命 A 和 4.3mg 鋅，明顯高於其他魚類，其高營養價值和適口性成為貓飯的最佳食材之一。
- 在貓飯食材和營養元素中，脂肪酸跟皮膚健康的關係重大。貓飯當中可通過額外補充適當魚油、亞麻籽油等含豐富不飽和脂肪酸的食材，對貓咪的皮膚及被毛健康達到很好的保護和改善作用。
- 有時貓咪的皮膚和被毛問題與真菌、細菌的關係很大，增強抗氧化力，提高免疫力是保持貓咪皮膚及被毛健康的重要保障方法。由蟎蟲或寄生蟲引致的皮膚病則需及時進行治療。

雞胸肉海帶煮生魚

慢性腎病是貓咪的常見疾病，經常威脅貓咪的生命健康，經確診或治療後，在飲食方面應特別注意。

能量 kcal	**233.0**
蛋白質 g	**29.7**
脂肪 g	**11.3**
碳水化合物 g	**3.2**

材料

- 雞胸肉 100 克
- 生魚 50 克
- 海帶 15 克
- 水 200 毫升
- 蛋殼粉 6 克
- 加碘食鹽 1 克
- 魚油 4 克
- 亞麻籽油 1 克

做法

1. 雞胸肉及生魚肉切丁、煮熟，撇去浮沫，撈出。
2. 海帶放入水 200 毫升煮沸，放入雞肉丁、生魚肉丁再煮 3 分鐘，盛起。
3. 冷卻至常溫（冬天可留餘溫），加入魚油、亞麻籽油，最後加入蛋殼粉及加碘食鹽拌勻。

健康小貼士

- 慢性腎病是貓咪的常見病、多發病，因此針對慢性腎病、腎病康復期、腎病手術後的貓咪，應注意其口腔健康，並多喝水。
- 有慢性腎病的貓咪要選擇「合理粗蛋白質水平」食物，有些關於得了腎病的貓必須採用「低蛋白」食物的說法，但「高蛋白含量會引發貓腎病」的結論，目前還缺乏科學依據，所以易消化蛋白質，是得了慢性腎病貓咪的飲食要點。
- 增加肉食來源，盡量減少「植物蛋白質」來源，盡可能選擇新鮮肉食，這樣的動物蛋白來源消化率、吸收利用率都比較高。
- 有些關於「食鹽導致腎病」的說法，目前沒有科學證據證明。如缺乏食鹽，會造成病貓的鉀元素流失，反而加重腎病情況，而且在貓腎病的康復階段，適當增加鹽分更有益於貓咪康復與健康。

蘆筍雞肉煮鱈魚

肥胖、體重超標成為威脅貓咪健康的頭號殺手，肥胖引起貓咪一連串的健康問題，如骨骼疾病、關節炎、糖尿病、呼吸系統和消化器官等問題。

能量 kcal	289.0
蛋白質 g	42.5
脂肪 g	9.5
碳水化合物 g	9.3

材料

- 雞肉 100 克
- 鱈魚肉 100 克
- 蘆筍 10 克
- 蛋殼粉 4 克
- 食鹽 1 克
- 左旋肉鹼 0.05 克
- 魚油 1 克
- 亞麻籽油 1 克
- 檸檬半個
- 藍莓拌醬 20 克

做法

1. 雞肉、鱈魚肉及蘆筍切丁，煮熟，撇去浮沫，盛起放涼，加入適量湯，冷卻至常溫（冬天可留餘溫）備用。
2. 檸檬榨汁；如貓咪較挑食，可將蘆筍搗碎成泥。
3. 依次在湯內加入蛋殼粉、魚油、亞麻籽油、檸檬汁及藍莓拌醬，最後加入食鹽及左旋肉鹼拌勻。

* 減肥期間的貓咪，可按照食譜內總質量 60%-80% 餵食。

健康小貼士

- 很多人認為貓咪減肥食譜要低蛋白、低脂肪，這種認識是缺乏科學性的。貓咪需要充足的蛋白質維持身體肌肉組織，提高蛋白質水平、控制代謝才是貓咪減肥的科學方法。
- 減肥期間的貓咪食譜，建議最大限度地降低碳水化合物，以肉為主，或蛋白質完全來源於肉類，而非來自高澱粉的植物類。
- 科學證實左旋肉鹼對貓咪的減肥效果是明顯、安全的，牛肉含有豐富的左旋肉鹼，可在減肥貓飯額外添加一小匙左旋肉鹼。

菠菜菊花鱈魚肉

糖尿病是貓咪最常見的疾病之一。家養的貓咪長期缺乏運動，喜歡懶洋洋地躺着不動，長時間下貓咪更容易隨着體重超重而增加患糖尿病的概率。

能量 kcal
249.0

蛋白質 g
42.1

脂肪 g
7.0

碳水化合物 g
5.2

材料

- 鱈魚肉 160 克
- 雞肉 40 克
- 菠菜 15 克
- 蛋殼粉 4 克
- 食鹽 1 克
- 魚油 3 克
- 乾菊花 2 瓣
- 檸檬半個

做法

1. 鱈魚肉及雞肉煮熟，撇去浮沫，盛起放涼，加入適量湯，冷卻至常溫（冬天可留餘溫）備用。
2. 取另一鍋加水，菠菜切段、灼水煮熟，將菠菜剪碎或絞碎。
3. 乾菊花磨成細粉；檸檬榨汁。
4. 在肉湯加入菠菜泥、蛋殼粉、菊花粉及食鹽，最後加入魚油及檸檬汁拌勻。

健康小貼士

- 除了按時期治療外，給患有糖尿病貓咪製作飯食，盡可能保持每日飲食一致性，可不按照一日吃完的常規做法，在冷藏或冷凍不變質之下，可以多做些，平均地分成多份。
- 低碳水化合物含量的貓飯食非常重要，尤其具有高升糖指數的食材，需在糖尿病貓咪的飯食內減少。
- 貓咪和人不一樣，糖尿病在貓咪身上引發的併發症較少，也很少發現由貓咪糖尿病引起腎病的病例，在設計貓飯時別限制高蛋白飲食，高質量的蛋白質是優質貓飯的基礎。

蛋黃牛肉煮蝦

在食物蛋白質、脂肪及碳水化合物的代謝過程中，貓咪肝臟起着關鍵性的作用，貓飯的綜合營養作用對於貓咪的肝臟健康意義重大。

能量 kcal
308.0
蛋白質 g
45.0
脂肪 g
11.3
碳水化合物 g
6.3

材料

- 牛肉 160 克
- 對蝦 30 克
- 雞蛋 1 個
- 蛋殼粉 2 克
- 魚油 3 克
- 亞麻籽油 1 克
- 乾芝士 3 克
- 左旋肉鹼 0.05 克
- 牛磺酸粉 0.05 克

做法

1. 牛肉、對蝦切丁，煮熟，撇去浮沫，盛起放涼，加入適量湯，冷卻至常溫（冬天可留餘溫）備用。
2. 雞蛋煮熟，取雞蛋黃搗碎。
3. 雞蛋黃加入湯內，依次放入魚油、亞麻籽油、左旋肉鹼、牛磺酸粉、蛋殼粉及芝士，攪拌均勻。

健康小貼士

- 貓飯缺乏營養會引致貓咪肝臟健康受損，所以豐富的營養、均衡的氨基酸搭配及維他命補充等，都能有效保護貓咪的肝臟，並對肝臟疾病康復有很大的效果。
- 高質量的氨基酸對預防貓咪肝炎及肝硬化有積極的作用；牛磺酸對貓咪肝臟保護也有很好的作用。
- 缺乏礦物質鋅對貓咪肝臟帶來損傷，應選擇富含鋅成分的食材，如蛋黃、牛肉、羊肉及鱸魚等。

雞軟骨丁香魚煮雞肉

各類關節健康問題對貓咪影響極大，大部分肥胖、體重超標的貓咪同時有關節疾病，尤其在老年階段更嚴重，因此特別需要在貓飯增加有助修復關節和保護關節的營養食材。

能量 kcal
350.0
蛋白質 g
40.5
脂肪 g
14.8
碳水化合物 g
14.3

材料

- 雞肉 140 克
- 馬鈴薯 20 克
- 雞軟骨 40 克
- 丁香魚 30 克
- 紅蘿蔔 30 克
- 海帶 10 克
- 蛋殼粉 2 克
- 魚油 4 克
- 亞麻籽油 2 克
- 藍莓拌醬 20 克
- 薑黃粉 1 克

做法

1. 雞肉、紅蘿蔔、馬鈴薯及海帶切丁。
2. 雞軟骨煮熟，撇去浮沫，待涼，加入適量湯，冷卻至常溫（冬天可留餘溫）；雞軟骨剪碎。
3. 丁香魚灼水，和以上已處理的食材加入湯內，依次加入魚油、亞麻籽油、藍莓拌醬、薑黃粉和蛋殼粉，攪拌均勻。

健康小貼士

- 平常很難發現貓咪是否有關節炎，一般表現為減少活動、不願走動，嚴重時會跛行。要減輕炎症，製作貓飯時補充 Omega-3 脂肪酸是重點，選擇海洋魚油比植物油較佳。
- 貓咪的關節健康跟肥胖密不可分，在保護關節之時，要關注貓咪的體重，及時減肥、多運動，避免體重超標帶來關節問題。
- 貓咪關節炎和骨關節軟骨磨損密不可分，製作保護關節的貓飯時，特別加入軟骨成分豐富的食材，如牛軟骨、雞軟骨及藻類等。
- 可添加抗氧化效果良好的食材以提高抗氧化效果，緩解貓咪關節炎症狀，達到保護關節的作用。

番茄豆腐雞肉煮蝦

近年來，貓咪得胰腺炎的病例顯著增加，症狀如嘔吐、厭食、軟便和拉稀等情況。貓咪應及時就醫治療，康復階段在飲食上多加注意，製作貓飯時應注意加入適量的蛋白質和優質蛋白質。

能量 kcal
250.0
蛋白質 g
32.0
脂肪 g
8.8
碳水化合物 g
11.4

材料

- 雞肉 110 克
- 對蝦 30 克
- 番茄半個
- 奶豆腐（芝士）6 克
- 加碘食鹽 1 克
- 魚油 1 克
- 亞麻籽油 1 克
- 藍莓拌醬 20 克
- 綠茶葉 4 克
- 蛋殼粉 2 克

做法

1. 鍋內燒熱水，雞肉切丁、煮熟，撇去浮沫，盛起放涼，加入適量湯，冷卻至常溫（冬天可留餘溫）備用。
2. 番茄切丁；半底鍋抹油，放入番茄炒出汁，加入對蝦翻炒，再下熟雞肉丁拌炒。
3. 綠茶葉磨碎；湯內放入已處理的食材，再依次加入綠茶葉粉、魚油、蛋殼粉、加碘食鹽、亞麻籽油、奶豆腐及藍莓拌醬，攪拌均勻。

健康小貼士

- 患上慢性胰腺炎的貓咪，在康復期間要注意提升抗氧化功能，製作貓飯時應增加富含胡蘿蔔素成分的食物種類和比例，如對蝦、番茄及乾芝士等。
- 改善胰腺炎的貓飯需維持低脂水平，尤其對已確診胰腺炎和康復階段的貓咪，高脂肪會加劇胰腺炎情況，也會增加貓咪肥胖的風險。
- 針對有助貓咪胰腺炎康復的飯食，應減少胰腺分泌的刺激，維持合理、適量的營養水平，而且食材種類不宜過多。

海帶蛋黃鱈魚雞肉湯

能量 kcal	**311.0**
蛋白質 g	**41.9**
脂肪 g	**13.9**
碳水化合物 g	**4.7**

貓咪的尿道健康尤為重要，各尿道結石與貓咪的飲食健康有很大關係，會影響貓咪尿液 pH 酸鹼度。

材料

- 雞肉 140 克
- 鱈魚肉 60 克
- 海帶 10 克
- 魚油 3 克
- 熟蛋黃碎 10 克
- 藍莓拌醬 20 克
- 薑黃粉 1 克
- 蛋殼粉 2 克
- 加碘食鹽 4 克

做法

1. 雞肉及鱈魚肉切丁，煮熟，撇去浮沫，盛起放涼，加入適量湯備用。
2. 海帶切絲，放入肉湯煮熟，將湯水冷卻至常溫（冬天可冷卻至餘溫）。
3. 依次加入魚油、熟蛋黃碎、藍莓拌醬、薑黃粉、蛋殼粉及加碘食鹽，攪拌均勻。

健康小貼士

- 貓咪尿道結石的常見類型是磷酸銨鎂結石（鳥糞石）和草酸鈣結石。形成尿道結石的原因較多，與飲食有着密切的關係。
- 增加飲水量是促進貓咪尿道健康的有效方法，讓貓咪多喝水或在製作貓飯時多加些湯汁，讓貓咪連湯帶飯一起吃。
- 礦物質鎂與貓咪尿道健康關係重大，如鎂含量高，鳥糞石結石的風險相應提高。此外，礦物質磷、鈉、氯化物都與貓咪尿道健康息息相關。

能量 kcal
383.0
蛋白質 g
49.8
脂肪 g
16.6
碳水化合物 g
9.5

丁香魚生魚片煮雞肉

癌症是導致貓咪死亡的常見原因，一旦患上癌症需要及時通過手術、化療及放射治療等醫治，在飲食上雖沒有能治癒的明確方法，但製作飯食時有需要注意的地方。

材料

- 雞胸肉 140 克
- 生魚肉 40 克
- 丁香魚 30 克
- 熟雞蛋黃 1 個
- 魚油 2 克
- 蛋黃油 1 克
- 亞麻籽油 1 克
- 乾桑葚 10 顆
- 綠茶葉 4 克
- 蛋殼粉 2 克
- 藍莓拌醬 20 克

做法

1. 雞肉及鱈魚肉切丁，煮熟，撇去浮沫，盛起放涼，加入適量湯備用。
2. 海帶切絲，放入肉湯煮熟，將湯水冷卻至常溫（冬天可冷卻至餘溫）。
3. 依次加入魚油、熟蛋黃碎、藍莓拌醬、薑黃粉、蛋殼粉及加碘食鹽，攪拌均勻。

健康小貼士

- 製作紓緩癌症的貓飯時，需要特別注意氨基酸，尤其精氨酸的含量，應多選擇精氨酸豐富的食材，如雞蛋黃及生魚等，對患有癌症的貓咪健康有幫助。
- 蛋白質和碳水化合物有助改善貓咪的癌症，必需脂肪酸 Omega-3 和 Omega-6 的比例是關鍵，以免比例失衡。
- 患有癌症或康復期間的貓咪，很有可能利用碳水化合物作為供給癌症腫瘤的能量來源，所以貓飯的低碳水化合物含量很重要。

附錄

貓咪飯食問與答

給貓咪做飯有時會起爭議，有人認為貓咪是純肉食動物，只吃肉就可以；有人認為有貓咪專業的貓糧，只吃貓糧就可以。針對經常提出的問題，就來解答大家的疑問。

 ## 貓咪吃貓飯會否導致口腔、牙齒不健康？

不存在這個問題。貓咪的口腔及牙齒健康只靠「吃甚麼」很難達到理想的效果，要保護貓咪的口腔及牙齒健康，就需要刷牙。

 ## 給貓咪吃飯食，跟餵食乾糧有衝突嗎？

沒有衝突。貓咪乾糧屬全價營養的寵物食品。貓咪的食物種類很多，包括乾糧、濕糧及零食等，**製作的貓飯可作為貓咪食物的一種**。本書所有食譜都根據貓咪的營養需求科學化地計算。

貓咪不愛吃飯食，怎麼辦？

專業上，貓咪「愛吃」與「不愛吃」稱為「適口性」。影響貓咪「適口性」的原因很多，因各有獨特的生理特性，存在着難以讓所有貓咪都滿意的問題。這時養貓人需要耐性，嘗試轉換幾款食譜，看貓咪愛吃那種。

 甚麼年歲的貓咪才能餵吃自製的貓飯？

所有的貓咪都可以吃。無論是 12 個月以上的成年貓，還是 12 個月內斷奶後的幼貓，給牠們吃食譜建議的高蛋白、易吸收、低碳水化合物的貓飯更有助貓咪身體健康。

 本書食譜的食材可以更換嗎？

在沒有專業寵物營養師指導下，不建議擅自更換食譜的食材。本書提供的所有貓飯食譜，都由專業寵物營養師、專業寵物營養教學導師設計的，並由科學的營養計算軟件完成營養數據及營養結構的覆核計算，每款食材都精挑細選，並符合貓咪健康及營養需求。沒經過專業計算而隨意變更食材，會讓整個飯食營養結構發生變化。

附錄

坊間對貓咪飲食的謬誤

 貓咪吃餐桌食物

很多貓主人喜歡給貓咪餵食餐桌食物，並認為餵食量不多，不會有太大的健康風險。實際上，人類和貓咪的飲食結構差別很大，所以**別餵食餐桌食物**。如養貓人堅持餵食，要仔細監測貓咪的狀態，觀察糞便狀況，避免貓咪出現腸胃不適應和腹瀉，同時盡可能保證餵食的餐桌食物量不超過貓咪每日攝入總量的 5%。

 貓愛吃魚

對貓咪飲食的適口性進行研究，經多年的動物實驗和觀察得出 —— 貓咪對於魚肉沒有特別愛好，與其他肉類相比，貓咪的喜愛程度是一樣，有的甚至更偏愛其他肉類。其實，有相當比例的貓咪不愛吃魚，更嚴重的是，**貓咪只吃魚會有害身體健康。**

在對貓咪的研究過程發現，貓和狗不同，貓咪不能將 β-胡蘿蔔素轉化為自身需要的維他命 A，故貓咪必須通過吃其他食物來滿足營養需要，如各類肝臟、雞蛋、豆類及穀物等。不過，貓咪多吃維他命 A 會出現問題。在專業的寵物營養知識得知寵物食品中，當維他命 A 超過 2mg/kg（幼貓）或 1mg/kg（成年貓）就是吃多了。過量的維他命 A 在貓咪的小腸沒有辦法吸收而產生毒性，最終導致貓咪維他命 A 中毒。如貓咪長期只吃魚，會因魚肉的維他命 A 而中毒，這是貓咪只吃魚可能帶來的健康危害之一。

除此以外，同樣作為脂溶性維他命的維他命 K，對貓咪的身體健康有着重要的影響。一般情況下，貓咪不會出現維他命 K 缺乏情況，不過長期單一吃魚罐頭，有可能出現維他命 K

缺乏。主要表現為胃潰瘍，因魚罐頭含有影響維他命 K 吸收的成分，這是貓只吃魚可能帶來的健康危害之二。此外，缺少維他命 B_1 對貓咪身體健康的危害非常大，在貓食中必須提供充足的維他命 B_1。但有些肉類如某魚類含有破壞維他命 B_1、抗維他命 B_1 活性成分酶，引致貓咪對維他命 B_1 需求量增加，如果只吃魚肉而不額外補充維他命 B_1，就會出現維他命 B_1 缺乏。由此來看，貓咪愛吃魚和只餵魚吃都不科學。

貓可以喝牛奶

貓咪很喜歡牛奶的味道。對於貓咪來說，牛奶含有的蛋白質、鈣及磷是貓咪主要的營養來源，但牛奶的乳糖需要乳糖酶在腸道分解。隨着小貓咪長大，腸道的乳糖酶會逐漸減少和活性下降，**導致貓咪不能完全消化牛奶**，所以很多貓咪喝牛奶後會出現乳糖不耐受，出現腹瀉、嘔吐等情況。建議在貓飯選擇芝士、乳酪、舒化奶（添加乳糖酶）等乳糖含量低的乳製品。

貓飯不能有任何添加劑

有些貓食品宣傳「未添加任何防腐劑」或「不含有任何抗氧化劑」等，警告說貓咪不能吃「防腐劑」及「抗氧化劑」，這是對「防腐劑」及「抗氧化劑」的歪曲理解。說「不含有甚麼甚麼」，實際上是對這類成分的否定，言下之意是說「防腐劑」不好、「抗氧化劑」不好。

事實上，「防腐劑」並無過錯，錯誤地添加、濫用或不按照法律法規的計量超量添加才是錯！另外，這也是對防腐劑、抗氧化劑的片面理解。科學合理地添加防腐劑、抗氧化劑，有利無害。科學合理地添加防腐劑、抗氧化劑才能確保貓咪食品安全，還能夠保證營養成分有效性及良好的適口性。

貓咪不能吃含「鹿角菜膠」的罐頭

不要因為貓罐頭可能含有鹿角菜膠（Carrageenan）而放棄餵吃，只選乾糧。專業的寵物營養師建議給貓咪盡可能多吃些低碳水化合物、水分含量多的食物。

鹿角菜膠是一種食品添加劑，一般從各種海藻提取。只要按照食品添加劑添加標準限量的要求，合理、適量地添加是允許的。鹿角菜膠在食品工業普遍用作增稠劑，不單在貓罐頭，人們吃的雪條及果凍都含有。而且，鹿角菜膠在《飼料添加劑品種目錄（2013）》（中華人民共和國農業部公告第2045號）屬「黏結劑、抗結塊劑、穩定劑和乳化劑」類別，也表明適用於「寵物」範圍。

究竟鹿角菜膠對貓咪的健康有否傷害？客觀地說，這個答案還說不清，既不能說對貓咪一定有害，也不能說對貓咪沒有任何健康風險。鹿角菜膠被質疑也是有道理的，因有數據顯示鹿角菜膠會降低動物的免疫力，容易誘發炎症等問題。

建議各養貓人盡量不選含鹿角菜膠的貓罐頭，但現時的貓罐頭為了滿足罐頭食品的特性，在允許的範圍內添加鹿角菜膠，如選擇的貓罐頭含有鹿角菜膠也毋須恐懼，餵食是安全的。

貓吃草就是生病了

有養貓人反映有些貓咪喜歡吃草，認為貓咪吃草是因為缺乏某種營養元素。不排除有些貓咪吃草是彌補某些微量營養元素。寵物營養和寵物行為學有一種說法 —— **讓牠們不吃的方法就是讓牠吃夠**，如發現貓咪愛吃草，主人可主動在食物中添加類似草的食物，如菠菜、紅蘿蔔、綠葉菜及西蘭花等，經過蒸煮、消毒、切碎或打成泥混和貓飯。喜歡吃草的貓咪普遍對「草香味」感興趣，這樣可提高牠們的採食興趣，也利於消化。有更多貓咪是出於對吐毛球的需要，可餵食專門的貓草。

以低蛋白餵養患有慢性腸炎的貓咪

患有慢性腸炎的貓咪需要低蛋白餵養，這種說法是不正確。貓咪因患有慢性腸炎反覆嘔吐怎麼辦？先判斷貓咪是否真的得了慢性腸炎。如果是，一般會表現食慾不振、長期拉稀、長期反復嘔吐、營養吸收不良及身體消瘦等，應盡快就診。貓咪慢性腸炎是腸黏膜的慢性炎症，引起的病因不明確，與很多因素相關，遺傳、小腸內細菌過度增殖、繼發性維他命 B12 缺乏等都有可能令貓咪患慢性腸炎，而老年貓咪更多見。

貓咪患了慢性腸炎該怎麼吃？飲食上要注意甚麼？專業的寵物營養師推薦「兩高兩低」和「一大一小」的飲食原則。**「兩高」是指高蛋白和高消化吸收率**，可以通過餵食單一肉類，或是肉類具有更高比例的貓糧、貓罐頭。在食品形態上，推薦貓濕糧及貓鮮食等。**「兩低」是指「低碳水化合物」和「低易過敏食物」**，更少的植物類、澱粉類的貓糧、貓罐頭。

另一個推薦原則是「一大一小」飲食原則。「大」是指**大力補充益生菌**，益生菌有助這類貓咪消化食物；「小」是指小分子，**選用那些肉類成分通過水解、酶解等，把大分子的氨基酸變成小分子的多肽貓糧**，讓貓咪更容易吸收。

貓咪減肥期間，要吃營養低的食物

肥胖或超重成為貓咪最大的健康威脅。據統計，美國 57% 狗隻和 44% 以上貓咪體重超標。肥胖已成為寵物嚴重的流行病，2007-2012 年，肥胖貓咪數量增長 90%，無論是「超重」還是「肥胖」，都是「理想體型」之外的亞健康體型，中老齡貓咪發生肥胖的概率超過年輕貓咪。肥胖引起一系列健康問題，如骨骼疾病、關節炎、糖尿病、呼吸系統和消化系統疾病等。導致體重超重、肥胖的原因眾多，其中不乏飲食健康、寵物食品方面等因素。

貓咪有一種天生的代謝能力，很容易地將蛋白質（氨基酸）作為能源。貓咪的肝葡萄糖激酶水平通常低於雜食性的狗，而且轉氨酶和脫氨酶水平較高，即使在蛋白質攝入量減少的情況下，這些酶也不會降低。因此，貓咪對蛋白質的需求更高，新陳代謝是將蛋白質轉化為能量。根據目前對於貓咪營養的研究，貓食中 52% 的能量由蛋白質提供，46% 來自脂肪。貓咪有不停代謝蛋白質的能力，**為了保證正常的肌肉組織形態，貓咪需要充足的蛋白質維持身體肌肉組織。蛋白質是減肥貓糧關鍵營養物質之一。**

當貓咪攝入食物的蛋白質水平低下時，會消耗自己的肌肉組織，導致基礎新陳代謝下降。既然是減肥，應該「降低食物的蛋白質水平」；但事實卻相反，**提高蛋白質和氨基酸水平有利減肥**，所以貓糧的蛋白質必須保證在一定的水平。對於減肥貓糧的蛋白質水平要求，建議應至少含有大於 35%、小於等於 55% 的粗蛋白；預防貓咪體重反彈的功能貓糧的蛋白質水平應在 35% 以上，越高越好。

貓糧需要加入一定比例的碳水化合物，才能讓貓糧「膨化」。一般貓乾糧的碳水化合物高達 30%-40%，甚至更多，主要由植物蛋白及澱粉等成分提供。碳水化合物在貓咪體內直接轉化為脂肪，而且也會導致蛋白質攝入降低，高碳水化合物和貓咪的肥胖有直接關係。減肥貓糧需要在碳水化合物方面進行調整，在貓食內應盡可能選擇肉類作為蛋白質來源，或建議選擇以肉為主要食材，或選擇具有全價均衡營養的貓主食罐頭，這類貓主

食罐頭的碳水化合物含量明顯低於乾糧。有些減肥貓糧只滿足「低碳水化合物、低脂肪、高纖維」，但沒有「高蛋白質水平」，並不能達到長期有效的減肥效果。如果出現肌肉萎縮，反會引發肥胖。以前因為貓膨化糧的工藝要求限制，不得不降低貓糧的肉含量，現在因貓糧技術發展，肉含量 70%-80% 甚至更高的膨化貓糧也能實現。「20% 以下的碳水化合物，越低越好，甚至趨於 0 碳水化合物」的貓乾糧成為減肥貓糧的可能成為現實。

另外，可以在減肥貓糧、貓罐頭和貓減肥的飯食配方**添加左旋肉鹼 (L-Carnitine)**。左旋肉鹼是氨基酸的衍生物，在細胞中普遍存在。在對貓咪減肥食物研究，科學證實左旋肉鹼對貓咪的減肥效果是明顯、安全的。在動物細胞中，產生能量的場所是線粒體，左旋肉鹼將長鏈脂肪酸搬運到線粒體中燃燒產生能量。在多項關於貓食物添加左旋肉鹼的實驗中，經過添加左旋肉鹼和未添加左旋肉鹼的糧食飼餵對比，證實左旋肉鹼作為一種功能型減肥貓糧、減肥保健品是有效的。同時，在貓飯食、貓糧、貓罐頭所選擇的牛肉、羊肉都含有豐富的左旋肉鹼，其他食物也能夠提供一定量的左旋肉鹼。

維他命 E 和維他命 C 在減肥貓飯、貓糧作為一種抗氧化劑。抗氧化劑一直因其能提高免疫力、清除自由基為人熟知，在減肥功能的貓飯食、貓糧中，抗氧化劑的減肥作用談得不多。肥胖會加重氧化應激，這可能會導致與肥胖相關的疾病，經過對寵物的研究，補充抗氧化劑有助於減輕氧化應激。

貓咪的食物不能有鹽

貓咪不可吃鹽，這個說法是不正確的，其實，從來沒有結論說過貓咪不能吃鹽。在貓咪乾糧中，食鹽至少可佔 1%。無論是中國的貓寵物食品標準 GB/T 31217-2014、美國的 AAFCO 標準，還是歐洲的 FEDIAF（歐盟標準），對「鈉」、「氯」及「水溶性氯化物（以 Cl- 計）」的約定都是「不能低於」，而不是「不能高於」。對於寵物貓來說，吃鹽是必須的。

貓咪因維他命 K 缺乏或過量而中毒

有一種說法，貓咪吃貓糧會因維他命K 缺乏或過量而導致很多健康問題，嚴重的會死亡。美國的 AAFCO 標準清楚地說明「以乾物質計算，除非貓糧含有 25% 以上的魚類成分，否則沒有必要添加維他命K」，也就是說只有當貓咪把純魚肉當飯吃，或吃的糧食裏魚肉、魚油成分佔 25% 以上，才有必要額外補充維他命K，否則貓糧的營養成分已能滿足貓咪的日常需要。

維他命 K_1 稱作葉綠醌，主要來源於植物，如菠菜、花菜、椰菜的含量特別高。維他命 K_2 主要是腸道菌群合成的產物，還有兩種是人工合成的具有維他命 K 活性的物質 —— 亞硫酸氫鈉甲萘醌（是常說的維他命 K_3，是常被添加到養殖動物飼料中）和維他命 K_4。

貓咪會否缺乏維他命K？在貓糧及貓飯中，有必要額外添加維他命K 嗎？額外給貓咪補充維他命K 會否過量導致貓中毒呢？有臨床記載，患有腸炎、肝臟疾病的貓咪，有的因對脂肪類物質吸收障礙而出現維他命K 缺乏。對於健康的貓咪，**正常選擇全價營養主糧，維他命K 缺乏比較罕見。**

貓咪需要的大多數維他命K，是由腸道系統中的細菌製造並在腸道中吸收，所以飲食中需求很少。只吃含有大量魚肉、魚油食物的貓咪，可能會出現維他命K 缺乏問題。現在的魚肉甚至是純魚肉主食罐頭，在寵物食品越來越廣泛，所以額外補充維他命K 成了一個必須重視的問題。

總的來說，貓咪所需的維他命K 仍然非常少，沒有必要對含有 25% 以內魚肉成分的糧食、罐頭做額外補充。如果我們看到貓糧含有維他命K，也不用擔心，有結論顯示，維他命 K_1 用於貓糧是「公認安全」；也有動物實驗證明，沒有任何數據顯示動物對維他命 K_1 中毒的現象。

貓食物的「好蛋白」就是「高蛋白」

首先強調的是「好的蛋白質來源」。貓咪是典型的肉食動物，近幾十年來過高的澱粉、碳水化合物攝入，給貓咪帶來的健康威脅逐步暴露出高碳水化合物的弊端。因此，應該**在貓糧的「蛋白質來源」突出「肉」的佔比**，降低澱粉及糖含量，減少碳水化合物攝入，將成為貓咪飲食的主要方向，讓貓咪盡可能地回歸「食肉」的本性來。

素食餵養貓咪

為甚麼不建議進行純素食餵養？貓咪對營養的需求有別於狗，在貓咪的飲食結構**必須含有相當比例的肉類滿足貓咪的營養需要**，有些營養成分對貓咪非常需要，但植物性原料未能滿足，如牛磺酸及花生四烯酸，這些需要靠吃肉才能獲取。

著者
王天飛、于卉泉

聯合編著
譚坤蘭、楊小倩、宮卿、董新慧、劉念、
盧平、冉關平

顧問
王屹強、田媛元、劉婷婷、劉益臣、鄭廣勝

責任編輯
簡詠怡

裝幀設計
鍾啟善

排版
辛紅梅

攝影
英寵攝影

出版者
萬里機構出版有限公司
香港北角英皇道 499 號北角工業大廈 20 樓
電話：2564 7511　　傳真：2565 5539
電郵：info@wanlibk.com
網址：http://www.wanlibk.com
　　　http://www.facebook.com/wanlibk

發行者
香港聯合書刊物流有限公司
香港荃灣德士古道 220-248 號荃灣工業中心 16 樓
電話：2150 2100　　傳真：2407 3062
電郵：info@suplogistics.com.hk
網址：http://www.suplogistics.com.hk

承印者
美雅印刷製本有限公司
香港觀塘榮業街 6 號海濱工業大廈 4 樓 A 室

出版日期
二〇二四年二月第一次印刷

規格
特 16 開（220 mm × 170 mm）